U0174847

蜘蛛博物学

朱耀沂 著

黄世富 绘

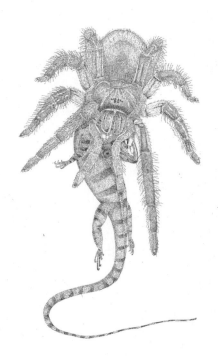

商务印书馆
The Commercial Press

2020年·北京

目 录

序：蜘蛛集而百事喜

继《午茶昆虫学》和《黑道昆虫记》之后，朱耀沂教授再度出招，将"触角"自昆虫伸向同属节肢动物类的蜘蛛。由书名《蜘蛛博物学》，不难想象此书涵盖的内容是丰富多彩的蜘蛛世界，而作者也是博学多闻的重量级学者。

虽然也有少数人钟爱蜘蛛，但相较于昆虫，蜘蛛并未受到大多数生物学者和社会大众的青睐。世界各国多在大学院校设有昆虫学系，但几未听闻有独立的蜘蛛学系或相关研究组，由此也可见一斑。其实，蜘蛛在陆地上立足和进化的过程与昆虫联系紧密，因为蜘蛛为捕食性动物，其食物来源主要是昆虫，因此蜘蛛在自然生态系统或农业生态系统皆具有重要功能，在农业上更是利用蜘蛛来控制害虫的发生。

长久以来，由于媒体传播与主观经验造成的错误认识，许多人对蜘蛛充满畏惧和厌恶感。不论在童话、文学还是电影中，蜘蛛都往往被塑造成凶狠、残暴和恶毒的负面角色，这更加深人们对蜘蛛的疏离感，因而对蜘蛛的趣味生活了解十分有限。目前流行的蜘蛛图鉴数量有限，而且以介绍蜘蛛种类为主，而广泛讨论蜘蛛生态与行为的科普书籍则少之又少。有鉴于此，朱教授退休之后，不忘为人师的天职，重拾妙笔生动地撰写此书，期能扭转人们对蜘蛛的错误印象，并培养研究蜘蛛的生力军。朱教授以细腻的文笔，深入浅出地讲述了有关蜘蛛特殊行为和生态的点点滴滴。

生物为了存活繁衍，有各式各样的生活策略，而唯有在进化的观点下，方能了解缤纷的生命现象存在的意义。但朱教授并未教条式地讲述生物学理论，也不斩钉截铁论断未定之论；反之，他字里行间充满睿智与对奥妙的生命世界的谦卑，并以旁征博引的铺陈方式，让读者在阅读趣味现象之际，逐渐建立生物学概念和知识，起到寓乐于教的效果。此外，他不时在趣闻之后，为读者指出许多未解之谜、值得观察的题材和研究项目等。本书不仅传授趣味知识，也教导与鼓励读者加入研究蜘蛛的行列，所以非常适合喜爱生物科学的老师和学生研读。

　　朱教授学问渊博，不但通古今中外，亦涉猎文学、历史、地理，可说是台湾昆虫学界的旷世奇才。本书除了深入介绍蜘蛛的发育、活动、结网、捕食、交配繁育与亲子关系等，另有篇章论述蜘蛛与民俗文化的关系，充分展现朱教授的文化涵养，让读者同时沐浴在知识与文化的洗礼之中。蜘蛛吐丝结网与捕食的习性，自古以来在人类文化中占有重要地位，常成为诗词及文学作品的主题。其实，在我国的传统文化中，蜘蛛被视为吉祥的象征，例如二千年前的古籍中就有"蜘蛛集而百事喜"的记载，用来昭示人们蜘蛛与作物丰收之间的关系。此外，蜘蛛作为食物、药材和在农林害虫防治上的作用，蛛丝和蛛毒的实用价值及未来的开发应用，在书中均有涉及，值得细细品读。

　　大树文化于迈进第十一个年头之际，为让台湾本土的自然读物有更多样的风貌，特别邀请朱教授开"教授博物学系列"之端，撰写《蜘蛛博物学》。本人有幸在出书之前拜读样书，发觉朱教授的学问不因退休而减损，反而更加广博精深，全书读来趣味十足，知性感性兼具，谨略抒数语表达对朱教授的崇高敬意，并和所有读者拭目期待续集的问世。

台湾大学昆虫学系教授

吴文哲

2003 年 9 月 28 日

作者序：靠近一点看蜘蛛

相信本书的读者都看过蜘蛛吧！因为它们和昆虫一样，是我们身边常见的小动物。喜欢昆虫而且对昆虫的生活、习性有兴趣的人不少，但是喜欢蜘蛛的人却少之又少，这是为什么呢？以蝴蝶为例，它们有美丽、鲜艳的翅膀，在花丛中翩翩起舞、汲取花蜜，是多么地讨人喜欢啊！反观蜘蛛，体色多为暗色或呈褐色，只能爬，不能飞，所以它们往往不像昆虫那么引人注意。不但如此，在儿童故事，例如《蜜蜂马雅的故事》中出现的蜘蛛，通常也扮演着凶悍的坏蛋角色，这更加深了一般人对蜘蛛的反感。

其实，我本来也属于这一类人。大学毕业之后一直靠研究昆虫吃饭的我，工作范围也通常局限于农业昆虫，蜘蛛并不算我的研究对象。后来我慢慢发现，其实蜘蛛是影响农业害虫数量的主要原因之一，于是着手搜集有关蜘蛛的资料并且从事了一些实验。不过我的工作仍以昆虫为重心，蜘蛛只是个配角罢了。现在我退休了，细细回想工作历程中的点点滴滴，发觉蜘蛛在生态系统中扮演着相当重要的角色，值得向大家好好地介绍一番；另一方面，这也算是为我一向忽略它们的重要性而赎罪吧！

有鉴于此，我从书柜、档案架中找出一些有关蜘蛛的资料，整理成一本书。本书分为三大部分：第一部分算是热身篇。由于不少读者对于蜘蛛不太了解，此篇先简单描绘蜘蛛的轮廓，内容可能稍嫌呆板枯燥，读者们可当作热身，如此有助于了解接下来的内容。第二部分则为了引起大家对蜘蛛的兴趣，挑选了一些与蜘蛛有关的趣闻，读来轻松有趣，但较欠缺系统。当然有关蜘蛛的趣闻不只是这些，还有很多是我想和读者们分享的，就留待以后吧！第三部分则是为了避免纸上谈兵，给大家介绍一些亲自接触蜘蛛的方法，希望借此减少大家对蜘蛛的反感，进而培养出一些蜘蛛专家，因为目前在台湾专攻蜘蛛的专家少之又少，相信这些专家也期盼有生力军加入他们的行列。

此外，由于蜘蛛研究在台湾尚在起步阶段，有不少蜘蛛名称尚未统一，本书为了避免混淆，尽量采用附录中的蜘蛛名录，此名录中的种名出自陈世煌著《台湾地区蜘蛛名录》（1996年台湾博物馆年刊）。[1]

朱耀沂

1 　中文简体版采用大陆地区通行的名称。——本书中脚注无特殊说明，均为审校注。

第一部分
认识蜘蛛

蜘蛛不是昆虫

让我们先抓一只蜘蛛来看看它的身体吧！别担心，正如后面的一些章节中所介绍的，台湾常见的蜘蛛都没有所谓的"毒性"，就算真的运气不好被它们咬一口，也顶多是痛上一阵子罢了！

蜘蛛和昆虫一样，虽然身体内部没有骨头，但体外有较硬的壳，即所谓的外骨骼。昆虫的身体可以分为头、胸、腹三个部分，而蜘蛛的身体由头胸部（即头部和胸部）和腹部两部分组成。除此之外，昆虫的头上有一对明显的触角（虽然蜻蜓、蝉等的触角较短，但是透过放大镜还是看得到的），而在蜘蛛的头胸部却没有相当于触角的构造。

再来看看步足的结构。昆虫共有前、中、后三对步足；而蜘蛛则有第一、第二、第三、第四共4对步足。蜘蛛和昆虫的步足都有分节，因此昆虫和蜘蛛在动物分类学上都属于节肢动物门。属于节肢动物门的动物为数不少，例如虾、蟹、蜈蚣、马陆、蝎子等，它们都有分节的步足。

虽然蜘蛛和昆虫具有足肢分节、体表有外骨骼等共同特征，但综上所述，我们仍可发现下列不同之处：

1．蜘蛛的身体由头胸部和腹部两部分组成；昆虫的身体则由头、胸、腹三部分构成。

2．一般来说，蜘蛛有八只眼睛，且都是单眼；昆虫则有一对复眼和一至三个单眼。

3．蜘蛛头胸部的前端具有一对六节的触肢；昆虫则有一对触角。

4．蜘蛛没有翅膀；而大多数的昆虫有两对翅膀。

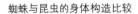

蜘蛛与昆虫的身体构造比较

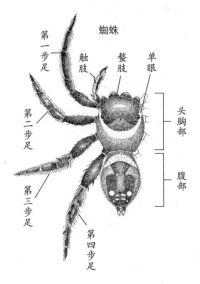

蜘蛛

第一步足
触肢
螯肢
单眼
头胸部
第二步足
腹部
第三步足
第四步足

昆虫

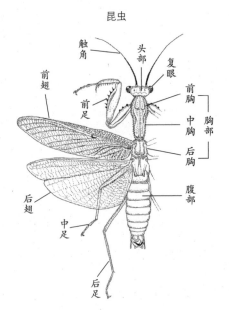

触角
头部
复眼
前翅
前胸
前足
中胸
胸部
后胸
后翅
腹部
中足
后足

5．蜘蛛有四对由七节组成的步足且末端具爪；昆虫只有三对五节的步足。

6．除了最原始的蜘蛛腹部有不明显的分节外，大多数蜘蛛腹部并不分节；但昆虫的腹部通常是由十一个腹节构成的。

7．蜘蛛以书肺和气管作为呼吸器官；昆虫利用气管和气管开口的气孔来呼吸。

8．大多数蜘蛛腹部末端有三对吐丝用的纺器；昆虫则没有。虽然家蚕等昆虫的幼虫会在化蛹前作茧，但它们是由口吐丝结茧；而足丝蚁之类的昆虫虽然也有吐丝的习性，不过是由前足跗节吐丝，因此并没有从腹部吐丝的昆虫。

9．蜘蛛在整个发育过程中，身体随着蜕皮而变大，但在成熟之前不会变蛹，也就是以不完全变态的方式完成发育；昆虫大致上可以分成两大类，一类不经历蛹的阶段而以不完全变态过程变为成虫，另一类在幼虫阶段与成虫阶段之间要经历蛹阶段的完全变态。

10. 蜘蛛生殖器的开口位于腹部靠近头胸部的基部；昆虫生殖器的开口则在腹部的末端。

11. 绝大多数蜘蛛的螯肢具有毒腺，而昆虫的口器没有毒腺。虽然蜜蜂、胡蜂等昆虫具有毒腺，但这些毒腺位于腹端，是由产卵管变化而成的。

当然蜘蛛和昆虫还有很多不同的地方，但是从上述11点，相信应该可以让读者了解关于蜘蛛的基本概念吧！

祖先原来是海蝎

目前全世界已知的蜘蛛约有五万种，和一百多万种昆虫相比，实在有点小巫见大巫。现在就让我们一起来为蜘蛛寻根，看看它们到底是从哪里来，又是如何进化的！

从地质学和古生物学的研究中得知，地球约在距今四十六亿年前就已形成了，但是目前所知最老的岩石，是距今约四十亿年前形成的。也就是说，最早的六亿年间冥王代的情形我们不甚清楚。而一般所谓的地质时代，就是指冥王代以后的四十亿年。

经过一段漫长而且没有生命现象的化学进化时代，终于，在约五亿七千万年前的古生代寒武纪发现了生物存在的迹象；到了寒武纪的末期，开始出现多种具有硬壳且身体构造较为复杂的生物。此后的志留纪，是三叶虫、笔石等海栖无脊椎动物的繁荣期；到了古生代的中后期，则是各种鱼类祖先的兴盛期，因此志留纪和此后的泥盆纪常被称为"鱼类的时代"。此外，在志留纪还发生了一件生物学上的大事，那便是动植物的登陆。原本生活于水中的动植物，在志留纪开始向陆地发展，扩张它们的分布范围，于是一些无脊椎动物也跟着登陆。到了泥盆纪的末期，从鱼类进化而来的两栖类，也开始了在陆地的新生活。

让我们的话题再回到蜘蛛。根据专家们的推测，蜘蛛的祖先应是现在已经绝种、身长超过两米的海蝎之类。它们原本在海底或浅海的沙地上爬行、游泳，以捕食其他小型动物为生，但是后来甲壳类出现后，因为甲壳类虽然体形较小，可是动作敏捷，于是在生存竞争之下，

栉角海蝎（*Mixopterus kiaeri*）

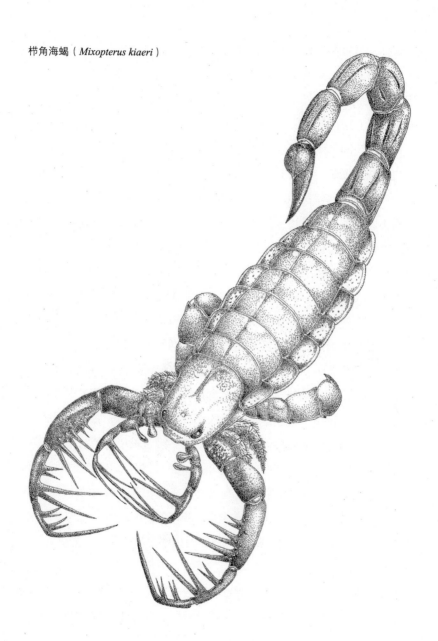

海蝎类慢慢被淘汰而绝迹。目前存在的海蝎类的同类，只有我们常称为活化石的鲎、海蜘蛛。鲎是自志留纪以来延续了四亿多年的种族的活化石，从化石我们可以推测，过去曾有上百种鲎生活在海洋，可惜现在只剩下四种了。

在距今四亿两千万年到两亿八千万年前的志留纪和石炭纪开始登陆的蜘蛛祖先们，仍带有水栖动物的习性，因此主要的活动场所仅限于陆地的浅水地带；但是到了泥盆纪，由于湖沼、浅水区域的面积逐渐缩小，它们只好被迫去适应陆地的生活。由于到目前为止尚未发现该时期蜘蛛的化石，上述变化过程仍属于推测。

到了距今三亿年前的石炭纪，羊齿、裸子植物在陆地上大肆繁殖，形成了巨大的密林。从这个时代的地层中挖掘出的化石得知，已有多种蜘蛛生存于羊齿、裸子植物的密林中，甚至有些化石蜘蛛的腹部已经出现了吐丝用的纺器。虽然我们不知道这些蜘蛛是否已经可以吐丝结网，但是，至少它已进化到用蛛丝制作卵囊来保护自己的卵，或许还能建造简陋的巢网，用以捕食地上活动的昆虫。由于此时期陆地生活的蜘蛛外骨骼不甚发达，发现的化石数量亦不多，因此还是无法详细了解它们的生活习性。在一亿四千万年前白垩纪的地层中，发现了步足末端具爪的蜘蛛化石，由此推测，当时已有会织网的蜘蛛。

琥珀是裸子植物的树脂外溢凝固而形成的，其中常发现一些被封埋其中的小型动物。在距今约三千五百万年前的渐新世琥珀中，已发现了不少的蜘蛛。这些蜘蛛的形态和今日我们所见的蜘蛛非常类似，由此可以推断现有的蜘蛛几乎早在三千五百万年前就已经存在了。只是到目前为止，人们所发现的蜘蛛化石数量无法和昆虫化石的数量相比，因此有关蜘蛛进化的过程、方式、路线，我们还是没有办法全面了解。

蜘蛛之所以至今能够维持着较为繁荣的生活局面，主要原因就在于它们脱离水栖动物的行列，顺利登上陆地。不过这种生活场所的大改变，必须要配合生理功能的变化，其中最重要的莫过于呼吸方式的改变了。蜘蛛的主要呼吸器官是位于腹部腹面基部、靠近头胸部开口的书肺。书肺由数张薄纸状的薄膜重叠组成，故有书肺之称。蜘蛛从书肺开口吸进空气，经由薄纸状的构造，把空气中的氧气送入体腔。被认为是蜘蛛祖先的海蝎，也具有和书肺类似的呼吸器官"书鳃"。海蝎通过书鳃呼吸，吸收溶解于水中的氧气。或许我们可以说，蜘蛛的祖先有先见之明，早已预知后代会将生活范围扩张到陆地上，因此准备好了便于陆地生活的呼吸工具。

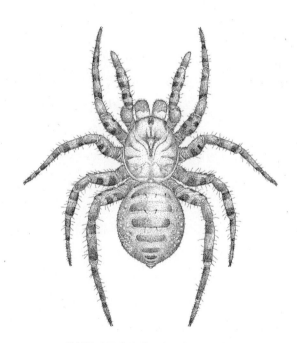

节板蛛（图为雌蛛，产于泰国西北部）

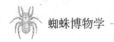

能力超强的外部构造

目前已知约有五万种蜘蛛，它们有的身体短胖，有的身体细长。虽然外形各有不同，但它们的身体都可分为前半部的头胸部和后半部的腹部两大部分，并且前半部和后半部之间有呈细腰状的腹柄连接头胸部与腹部。和其他节肢动物一样，蜘蛛的身体表面有以几丁质为主要成分的外骨骼覆盖，但是蜘蛛的外骨骼并不发达，尤其是腹部，摸起来软软的，所以蜘蛛很难阻止体内水分的蒸发，蜘蛛也因此很少在干燥的地方活动。

先从蜘蛛身体的前半部——头胸部谈起。这里有感觉器官，主要由一对由六节组成的触肢及四对步足所组成。头胸部也具有眼睛，眼睛的数目依蜘蛛种类而异，有八个、六个、四个、两个的，甚至还有没眼睛的。眼睛的数目和排列方式是区分蜘蛛种类的重要依据，在此虽不一一介绍眼睛数目、排列方式与蜘蛛分类的关系，但在采集蜘蛛时，还是要多注意蜘蛛眼睛的排列。再者，蜘蛛具有晚上用的和白天用的两种眼睛，晚上用的眼睛有着珍珠般的光泽，而白天用的眼睛则呈灰黑色。

再来看看头胸部的腹面，从这里可以将螯肢的构造看得很清楚。首先看到的是螯牙，螯牙的基部另有挫齿，螯牙内藏有毒腺，蜘蛛捉到昆虫时，由毒腺注射毒液，使昆虫麻痹而死。螯肢除螯牙外，还有下颚叶、上咽舌、下唇等，这些构造也是鉴定蜘蛛种类时的重要依据。

在头胸部的腹面，被四对步足基部围着的部分叫作胸板；胸板的形状、其上的条纹也依蜘蛛种类而异。在四对步足的最前面——第一步足的前方有一对像脚一般却明显比步足短小的东西，那就是触肢。触肢属于感觉器官，相当于昆虫的触角，但它的功能与触角不尽相同。虽然大多数蜘蛛的触肢明显比步足短小，但也有一些例外，例如七纺蛛（*Heptathele* spp.），它的触肢大小几乎与步足相同。

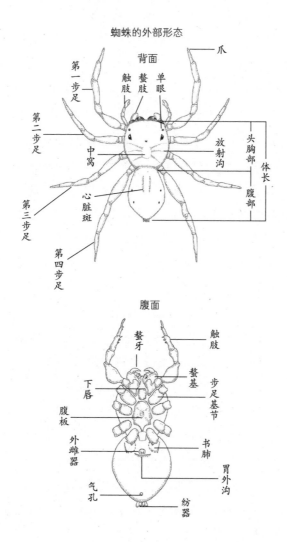

蜘蛛的外部形态

背面

爪

第一步足　触肢　螯肢　单眼

第二步足　中窝　放射沟　头胸部　体长　腹部

第三步足　心脏斑

第四步足

腹面

螯牙　触肢

下唇　螯基　步足基节

腹板　外雌器　书肺

气孔　胃外沟

纺器

　　七纺蛛有在地里挖洞造巢的习性，它的触肢便是挖土用的重要利器。又如盗蛛触肢也很发达，它以触肢带着卵囊走；不过其触肢最重要且最普遍的功能，还是在捉到猎物后，用触肢牢牢捉住猎物，以方便取食。

　　蜘蛛共有四对步足，即八只脚，步足自基部起，由基节、转节、腿节、膝节、胫节、后跗节、跗节组成，共七节。步足的长度、形状也因蜘蛛的种类而有差异。幽灵蛛的步足纤长且呈丝状，捕鸟蛛的步足则粗壮且密被粗毛，然而若用放大镜来看，即知蜘蛛步足上多多少少都长着毛，这些毛不但能装饰或保护步足，有一些还具有感觉作用。其实，蜘蛛的感觉毛不但在足上，体表其他地方的体毛也有类似的作用。蜘蛛利用这些毛，不但可以感觉到声音、空气的振动，还能经由与体毛相连接的神经系统，进行猎捕、寻偶。在蜘蛛的多种体毛中，目前我们比较了解的是长在触肢、步足外侧的听毛的功能。蜘蛛的听毛虽然长度不到1厘米，却让蜘蛛有着非常敏锐的听觉能力。譬如有些跳蛛可以很准确地听到在30厘米外缓慢爬行的苍蝇所发出的空气振动声，从而判断猎物所在的位置和方向。

　　还有一种器官也能感受到外界的振动，那便是位于身体侧面、长约千分之八到五分之一厘米的"裂隙感受器"。一只蜘蛛通常有三千个以上的裂隙感受器，其末端包裹着很薄的膜，并与神经系统相连接。裂隙感受器不但能够感受到空气的振动，还能察觉身体左右侧细微的弯曲情形，使蜘蛛的身体和左右步足保持平衡。步足上的许多裂隙感受器会聚集在一起，并如同竖琴般排列，我们特别称此为"琴形器"。与听毛相同，琴形器也能察觉空气的振动，不过，该器官还有依据接收的振动分辨出雄蛛或雌蛛的声音，进而进行求偶行为的功能。

　　此外还有露出体表外的味毛，呈中空且略弯曲。味毛是嗅觉神经的末梢，借由它的作用，蜘蛛可以判断猎物可否拿来当作食物。对于雄蛛而言，味毛可以用来追踪雌蛛爬过时留下的气味，是成功繁衍后代不可或缺的重要器官。

在步足末端（亦即跗节末端）还有爪的构造。尤其结网型蜘蛛，为了避免被自己的黏丝黏住，其爪的构造更为特殊。又如跳蛛这类徘徊在墙壁、天花板上的蜘蛛，步足末端还有具备吸盘功能的毛丛。

蜘蛛的腹部通常呈球状，除了较原始的蜘蛛外，它们的腹部都不分节，这一点与昆虫腹部的腹节构造明显不同。虽然多数蜘蛛的腹部多多少少呈球状，但也有如拟扁蛛般呈扁平状的、如长纺蛛般细长几呈丝状的，或如棘腹蛛般外骨骼发达而侧缘具刺状突起的。在腹部腹面有呼吸器官——书肺的开口，生殖器的开口也在这里，另外还有吐丝用的纺器。纺器的数目也因蜘蛛的种类而不同，尤其与进化程度相关，但多数蜘蛛具有三对纺器。

内部的器官

　　从消化系统谈起吧！蜘蛛是相当凶暴的捕食性动物，但它的食物却必须呈液态。由于位于牙齿和触肢之间的开口很小，无法吞食大块的固体食物，蜘蛛在觅食时，要先将毒液注入猎物体内，使其麻痹不能动弹。蜘蛛的毒液和唾液含有一些消化酵素，能事先消化尚未入口的猎物，我们称这种消化现象为"口外消化"。同时蜘蛛也利用螯牙和触肢咬碎食物以促进口外消化作用，由此将食物处理成直径小于千分之一厘米的微粒，再利用胃部肌肉的收缩，将食物送进中肠。值得注意的是，此时食物中昆虫的外骨骼等不易咬碎且营养价值不高的部分，就会被弃置在外面。中肠是消化管中最长的部分，呈分支状，有时分支还会延长到步足内，以提高食物的吸收和利用。最后食物经由后肠，随着体内代谢物变成小粒状的粪便，自肛门排出。由上述消化过程可以发现，蜘蛛对食物的吸收、利用率很高，因此所排泄出的粪便量很少。

　　蜘蛛体内还有一条由肌肉形成的香肠状的心管，相当于人体循环系统中的心脏。蜘蛛心管的长度可达体长的一半，侧面有许多小孔。随着心管肌肉的收缩作用，略带蓝色的血液从心管的小孔心门流出循环体腔，而当心管扩张时，心管小孔的瓣膜随之张开，此时血液又流回心管。像这种不具有血管、充满血液的体腔，称为血腔；而此种循环系统则称为开放型循环系统。这种循环系统普遍存在于无脊椎动物的体内。

　　和循环系统有密切关系的，便是呼吸系统。大多数蜘蛛的呼吸系统由一对书肺和一对气管构成。书肺的开口位于腹部腹面的基部，即腹柄的正后方，是由许多薄膜状的构造重叠而成的。蜘蛛从书肺开口吸入空气，经过书肺的薄膜流到气管内。蜘蛛的气管和昆虫一样，由许许多多的分支组成，其末梢分布到身体的各部位，使空气中的氧气能够直接送到身体的每一个角落。蜘蛛呼吸系统的构造，因种类的不同而有相当大的变化。例如像蜿蜒等较原始的蜘蛛有两对书肺，但却没有气管；动作缓慢的幽灵蛛只靠着一对书肺维持生命。一般而言，气管越发达的蜘蛛，依靠血液循环在体内输送氧气的程度越低，心管往往也越小。

雌蛛的内部构造图

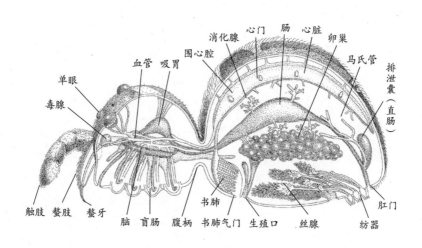

我们接着来看看蜘蛛的神经系统。幼蛛的头胸部和腹部各有一个由神经细胞聚合而成的神经节。到了成蛛阶段，腹部的神经节消失不见，只留下神经纤维，如此一来，神经中枢便集中到头胸部的神经节。

这个神经节也叫作复合脑，主管视觉及螯肢等运动器官的功能。除了掌管视觉和味觉的复合脑之外，在螯肢到中肠间的食道的下方，另有一个胸部神经节，由此发出十二对神经纤维，其中五对通到触肢和四对步足，七对则延伸到腹部。

雄蛛的生殖系统由精巢、输精管、贮精囊三部分组成。输精管的开口在腹部的腹面和一对书肺之间，并没有所谓的交配器官。雌蛛的内部生殖器是指卵巢、交配管、交媾孔和纳精囊四个部分，这些器官都位于腹腔靠近腹面的位置。其中生殖口的开口在腹部的腹面靠近基部的地方。至于雄蛛和雌蛛交配的过程，将在第二部分有关雌雄关系的章节中介绍。

说到蜘蛛的生活习性，最为特殊的应该是吐丝行为。蜘蛛的一生几乎离不开蛛丝，从卵囊中孵化的幼蛛开始，而后出现的若蛛也多多少少会吐丝。蛛丝是蜘蛛从腹部后端的纺器吐出的，纺器的数目因蜘蛛的种类而不同。蛛丝的质量与功能，也依纺器的不同而有差异。蜘蛛依照自身的生活需求，利用不同的纺器吐出不同功能的蛛丝。较原始的蜘蛛只能吐出一两种的蛛丝，但随着蜘蛛的进化，蛛丝种类亦跟着增加。目前被认为进化程度最高的蜘蛛，竟拥有八种吐丝用的腺体：葡萄状腺、梨状腺、壶状腺、管状腺、聚状腺、叶状腺、筛状腺、鞭状腺。几乎所有的蜘蛛都拥有前四种腺体，而在院子里常见的园蛛等，除了这四种共同的腺体外，还有鞭状腺、聚状腺。蛛丝的主要成分为绢丝蛋白（fibroin），与家蚕吐出的蚕丝相当接近，但蛛丝的表面没有丝蛋白（sericine），所以没有蚕丝般的光泽，但蛛丝却具有许多蚕丝没有的特性。幼蛛吐丝所需的原料，无疑是来自卵黄和从猎物中摄取的营养。至于若蛛或成蛛的蛛丝原料，已知大多是回收自己的旧蛛网，在体内分解、合成后再利用，但其过程至今仍不详。

书肺剖面图（灰色部分为血液）

a. 充满书肺空气的肺叶
b. 血液洞
c. 连接心脏的肺静脉（蜘蛛唯一的静脉）
d. 前庭
e. 书肺孔

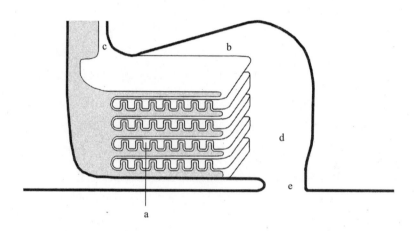

不完全变态的发育过程

　　蜘蛛的发育和昆虫一样，也从卵开始。一般来说，雌蛛交配一两个星期后开始产卵。此时，雌蛛先以缩皱的丝制造卵囊。卵囊给人的感觉很像海绵，里面充满空气，有保持适当湿度的功能。但卵的颜色、形状以及制造卵囊的地方、一个卵囊中卵的数目等，则因蜘蛛的种类而异。在卵囊的保护下，蛛卵顺利地孵化为幼蛛。幼蛛会暂时留在卵囊中，直到第一次蜕皮后才出现在外面，这个阶段的小蜘蛛叫作若蛛。所以，我们平常以为是刚孵化的幼蛛，其实是已经在卵囊中蜕过一次皮的二龄若蛛。但也有一些例外，如园蛛科的套索蛛，幼蛛在卵囊中渡过整个若蛛阶段，因此从卵囊出现时已是成蛛了。刚与外界接触的若蛛，会先在卵囊上群居生活数日，只摄取水分但并不取食，依靠体内贮藏的卵黄维持生命。此时的若蛛既没有吐丝的能力，也没有使猎物麻痹的毒液，只有等到再次蜕皮成为三龄若蛛后，才能分散开去，各自开始独立的生活。结网型蜘蛛此时已有吐出蛛丝的能力，于是纷纷像乘降落伞般垂吊下来，或是如气球般随风飘曳。但是，本来就有捕食性且很可能同类相残的蜘蛛，为什么从卵囊出现时能够相安无事地过群居生活呢？或许此时若蛛体内尚有不少卵黄，不必依靠取食来补充营养。但可能也不只是这个原因，因为这个时期的若蛛，一旦受到刺激惊动，虽会暂时分散，但不久又回到原处群集，群居性相当强。

　　蜘蛛发育过程中没有像蝴蝶、甲虫那样的蛹的阶段，它和蝗虫、椿象相同，随着蜕皮身体渐渐变大，最后变为成蛛，属于不完全变态发育。完全发育为成蛛所需的蜕皮次数不仅因蜘蛛的种类而不同，即

蜘蛛的发育过程

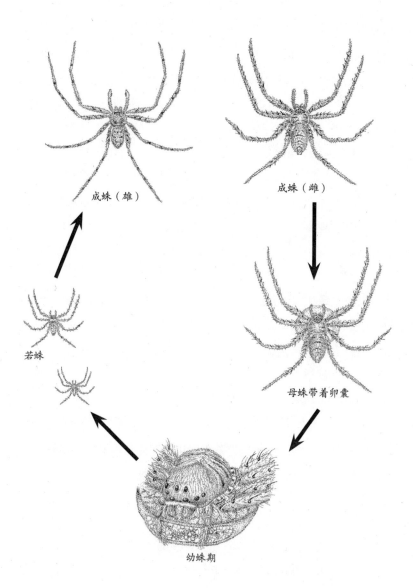

成蛛（雄）　　　　　成蛛（雌）

若蛛

母蛛带着卵囊

幼蛛期

使同一种蜘蛛，也会因若蛛阶段的营养条件而有所改变。譬如以前在屋内常见的巨蟹蛛，通常要经过十次蜕皮才会变为成蛛；又如捕鸟蛛的雌蛛，不但要经过十多次的蜕皮才能完成发育，进入成蛛阶段后，每年还要再蜕皮一到两次呢！

至于从卵到成蛛所需的时间，也会随着蜘蛛的种类、生活条件而有所不同。例如猫蛛的若蛛，通常在每年的六七月间破囊而出，以若蛛阶段度过冬天后，到来年四五月才变为成蛛，接着在十月到十一月间制造卵囊，雌蛛产卵后即死亡。斑络新妇（*Nephila pilipes*）的二龄若蛛则于每年四五月间从卵囊中出现，无论是雄蛛还是雌蛛，通常都需要再经过六至七次蜕皮，才会完成发育而变为成蛛。但其雄蛛蜕皮的次数，因食物、环境不同，有时增加到八次，雌蛛更是有蜕皮十次的记录。就一般情形来说，皿蛛等小型蜘蛛蜕皮的次数为四到七次，狼蛛等中型到大型蜘蛛为六到十次，不过像蟹蛛、跳蛛等产下大型卵的蜘蛛，蜕皮次数反而较少。

长大至成蛛的蜘蛛很快就进入交配期。雄性蜘蛛成体后触肢会变成外生殖器，大多数雄性蜘蛛都比雌性蜘蛛小，且雄性蜘蛛成体后基本不会捕食，和雌性交配过后就会死亡。因此蜘蛛的交配行为和昆虫大不相同，过程很有看头，这部分内容将在本书第二部分有关雌雄关系的篇章中详细介绍。

虽然大多数蜘蛛有以卵囊保护卵的习性，有些甚至照顾后代，一直到幼蛛能够独立生活，才会产下第二、第三批卵，不过大多数蜘蛛的寿命都不超过一到两年。像捕鸟蛛等巨型蜘蛛的雌蛛，能活到十几年甚至超过二十年的，实属特例。这么说来，除了某些白蚁女王有五十年的长寿纪录外，在无脊椎动物之中，捕鸟蛛算是非常长寿的了！

以上就是蜘蛛发育过程的概况。更详细的情形——虽然也是片断式的主题介绍——将在第二部分进一步说明。

母蛛的护卵行为

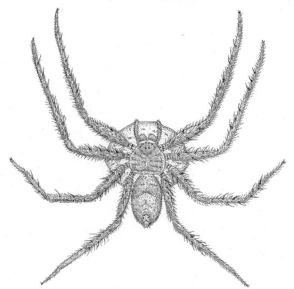

巨蟹蛛将卵囊保护在胸部下（图为白额巨蟹蛛）

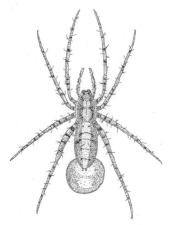

狼蛛将卵囊附着在腹端（图为沟渠豹蛛）

蜘蛛的吉尼斯纪录

世界最大的蜘蛛[1]：应是分布于南美北部的留布朗捕鸟蛛。美国纽约自然历史博物馆收藏的雄蛛标本体长8.9厘米，左、右足展开时有25.4厘米。巴西圣保罗的一家研究机构收藏的雌蛛标本，体长和脚长都为9厘米。1938年的3月，在英国伦敦的香蕉市场上，有个水果商人的拇指被一只左、右足展开长达20.3厘米的捕鸟蛛给咬了一下，这只捕鸟蛛随后马上被人打死，但被咬的商人感到剧烈疼痛并被紧急送往医院治疗。在狼蛛、盗蛛中也不乏长脚的种类，尤其中美洲有一种栉足蛛，步足展开后竟长达25.4厘米！不过栉足蛛类通常躯体的部分较小，在体形和体重方面远比不上捕鸟蛛之类。

中国台湾最大的蜘蛛：结网型蜘蛛中，最大的要算斑络新妇之类。雌蛛体长达5厘米，步足展开达20厘米；不过雄蛛的体长只有1厘米，以雌、雄蛛体长的差距之大而闻名。游猎型蜘蛛中，最大的是巨大疣蛛（*Macrothele gigas*）。在台湾颇具传奇性的毒蛛体长3.5至4厘米，步足展开约10厘米。至于巨蟹蛛，体长虽略逊于巨大疣蛛，只有3厘米左右，但步足展开时也有约10厘米长。

世界最重的蜘蛛[2]：1945年在巴西的亚马孙河中流地区采集到的克尔次捕鸟蛛，步足展开有24.1厘米，且体重有85克！而中国台湾最大的斑络新妇，体重也只有五六克。

世界最小的蜘蛛：应为分布在哥伦比亚的地帕图蛛（*Patu digua*）。

---

1 根据记录，从老挝的洞穴中发现的极巨蟹蛛足展长达30厘米，是目前已知足展最大的蜘蛛。
2 根据记录，布氏捕鸟蛛（*Theraphosa blondi*）可以达到28厘米的足展和170克的体重。

台湾最大的蜘蛛之一——斑络新妇（*Nephila pilipes*）

博物馆收藏的蜘蛛标本，体长只有0.037厘米。

世界最大的蛛网[1]：应为热带地区的斑络新妇结的网。在印度拜哈州发现的蛛网直径有1.5米，周长有4.8米，而组成蛛网的蛛丝中竟有长达6米者。分布于台湾的大斑络新妇也会结出如此大小的网。结网型的群居隐石蛛，通常可结出长3.7米、宽1.2米的巨型蛛网，并在此巨网上群居生活。

世界最小的蛛网[2]：网蛛科的一种蜘蛛所结的蛛网，直径通常不到2厘米。

世界最长寿的蜘蛛：较为原始的原蛛类寿命最长。1935年在墨西哥采集到一种捕鸟蛛，当时认为它已经活了10到12年，之后又在实验室里饲养了16年，如此算来，它总共活了26到28年。巴黎的自然科学博物馆饲养的捕鸟蛛，也有长达25年的存活记录。雄性的捕鸟蛛经过8到9年才发育为成蛛，之后虽通常只有不到1年的寿命，但也有长达10到13年的饲养记录。其他种类的蜘蛛，如巨蟹蛛的平均寿命为2年，刺客蛛为7到8年，虽然都没有原蛛类那么长寿，但也算是较为长寿的蜘蛛了，而大多数蜘蛛只有1到2年的寿命。

移动速度最快的蜘蛛[3]：雌性黑仓蛛（*Eratigena atrica*）在平面上爬行的时速为1.9千米，这个速度单从数据来看并不快，但想想它在10秒钟内能够移动相当于自身体长320倍的距离，换作一个人，等同于10秒钟跑完560米，真可算得上是飞毛腿了。成熟的雄性家隅蛛（*Tegenaria domestica*）在受到刺激时也会全力逃跑，但是只能维持15

1　应为分布于马达加斯加的达尔文平额蛛（*Caerostris darwini*），结的网占地面积大约有2.8平方米，最长的径丝可达25米。

2　愈螯蛛科中许多成员结出来的蛛网直径可小于1厘米。

3　分布在摩洛哥的巨蟹蛛雷氏塞布蛛（*Cebrennus rechenbergi*）躲避敌害时后空翻的速度可以增加到正常行动速度的两倍（估算为7.6千米/时）。

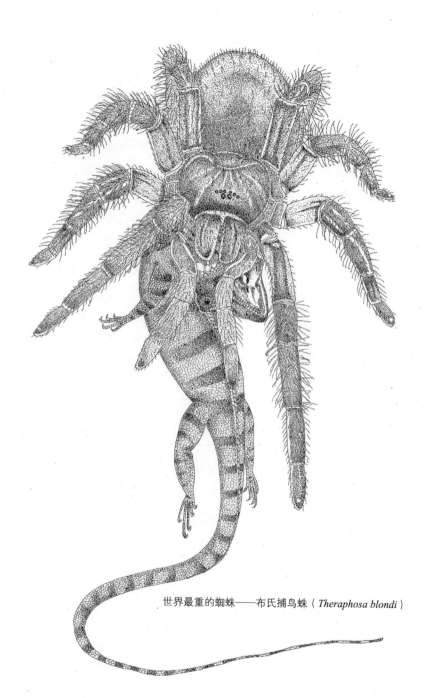

世界最重的蜘蛛——布氏捕鸟蛛（*Theraphosa blondi*）

秒钟的全力冲刺，因为大型蜘蛛的书肺无法承受长时间的激烈运动。

发现蜘蛛的最高海拔：1927年在喜马拉雅山的圣母峰、海拔6705米处，曾采集到一种跳蛛，此为蜘蛛采集记录上的最高海拔。

最危险的蜘蛛：危险性最高的蜘蛛，应该算是分布于南美的菲纽蛛属（*Phoneutria*），俗称游走蛛。这种蜘蛛经常侵入民宅，潜伏在衣服、鞋子里面，并且具有强烈的攻击性，只要看到有人接近，便会一跃而上发动攻击。再加上它具有一对长12厘米、直径2.7厘米的毒腺，其中贮藏着约8毫克的毒液，毒牙长7.5厘米。如果静脉注射这种蜘蛛的毒液，只需千分之六毫克，就可杀死一只体重10克的小白鼠；皮下注射时，以千分之十三毫克也可杀死一只小白鼠。单就毒性来说，刺客蛛类的毒液只要0.1毫克，就会对人体形成威胁，应算是毒性更高的蜘蛛，不过，刺客蛛类的攻击性较弱。黑寡妇虽然是毒性很强的著名蜘蛛，但也多半不会主动攻击。

台湾蜘蛛的发现与研究

　　目前中国台湾已知的蜘蛛大约有三百种，与全世界已知的近五万种相比，还不到百分之一！从其他种类的动物在台湾的分布比例来看，应该还有许多未被发现的蜘蛛新种。由此可知，光是调查蜘蛛的种类，就有很大的研究空间。

　　我们先来了解一下对台湾本土蜘蛛的研究过程。关于台湾的蜘蛛，首篇文献是距今一百多年前波科克（Pocock）对霍氏大疣蛛（*Macrothele holsti*）的记载。而早在清末，驻台南的英国领事史温侯（R. Swinhoe）就发表了有关昆虫的学术报告，相比之下关于蜘蛛的报告整整晚了三十多年。首篇文献发表九年后，即1910年，以甘蔗害虫的捕食性天敌为主题，出现了第二篇关于蜘蛛的报告。但在此期间，有关昆虫的研究报告已经出现了近百篇，由此可见台湾对蜘蛛的研究起步很晚。1912年，日本殖民统治时期，日本学者岸田久吉在日本蜘蛛的分类研究报告中，也收入了一些原产自中国台湾的蜘蛛。一直到1937年，25年间，岸田共写了十多篇报告，介绍为数不少的蜘蛛种类，也发现了一些新种。

　　1914年，有名的昆虫采集家兼标本商索特（H. Sauter）在采集昆虫之余，也采集如索氏巨膝蛛（*Oppopaea sauteri*）等蜘蛛。到了1921年，日本人中村利重氏发表《台北新公园蜘蛛目录》，介绍了约25种的蜘蛛，是至今仍相当受重视的文献之一。顺带一提，标题中的台北新公园指的就是现在的二二八和平纪念公园。除此之外，在日本殖民统治时期对台湾蜘蛛的研究有贡献的，尚有宫本佐市、江崎悌三、高桥定卫、高桥良一、堀川安市、阪口益雄、荒川重理、齐藤三郎、八木沼健夫、萱泉等多人。其中齐藤三郎曾在1938年到1941年间就原产于中国台湾和日本的蜘蛛，做过综合性的整理。萱泉可说是唯一一长期留在台湾，且较为专业的蜘蛛研究人士，1932年他还是学生时就开始研究台湾的蜘蛛，到1942年离台为止，共发表十余篇有关蜘蛛的报告。尤其是1943年出版的《台湾的蜘蛛》一书，更是概述了多达50种台湾本土蜘蛛的形态和生态。

断断续续出现多篇报告后，又经过研究空白期，李长林于1964年出版《台湾之蜘蛛》，除了将之前的数据加以整理外，还新增了20种，共介绍了146种台湾本土蜘蛛。1966年时，李长林又发表了关于结网型蜘蛛之形态与生态的研究结果。1967年，日本人下谢名松荣来台采集蜘蛛，发表了82种蜘蛛，内含8个新种。中平清于1967—1968年随玉山学术调查团来台，以玉山、阿里山地区为调查范围，其后发表了35种蜘蛛，其中包括了7个新种。1969年，我与大熊千代子以稻田为调查区域，记录了包括6个新种的60种稻田中的蜘蛛，并在1997—1998年间，对关于台湾本土蜘蛛进行全面的整理以制作校订表，其中列举了34个科的211种蜘蛛。在这段时间内我也曾从事有关拟环纹豹蛛（*Pardosa pseudoannulata*）生态的研究。1990年代后期，日籍专家相继来台进行采集，小野展嗣、新海荣等人也陆续发表有关蜘蛛分类及蜘蛛形态的报告。到1996年，陈世煌所发表的《台湾地区蜘蛛名录》中，共收录了39科269种蜘蛛。最近台湾的研究人员与大陆和外籍学者合作，发现了一些跳蛛科的新记录种或新种，因此台湾本土蜘蛛种类已接近300种之多。

迈入21世纪之后，陈世煌和李文贵各出版了《台湾常见蜘蛛图鉴》及《自然观察图鉴——蜘蛛》等书，以生态照片分别介绍了120

种和103种蜘蛛。那么台湾到底有哪些已命名的蜘蛛呢？本书以陈世煌在1996年所出版的《台湾地区蜘蛛名录》为基准，将它们的中文名称、学名（拉丁文）、所属科名列于最后的附录中。如此一来，读者在书中看到一些蜘蛛的名称时，经过对照就能够知道该种蜘蛛的科别。此外，目前台湾产蜘蛛的种名还不太统一，如果笔者在书中使用一些另外的种名，可能会引起读者的混淆，因此在本书中尽可能沿用该蜘蛛名录中出现的蜘蛛名称。[1]

第二部分
蜘蛛万花筒

第一章 蜘蛛的发育与生长

再探蜘蛛发育过程

　　蜘蛛属于不完全变态的动物，在发育过程中没有像蝴蝶的幼虫化蛹后变身为蝴蝶的明显变化。大多数蜘蛛虽然会经历幼蛛、若蛛、成蛛三个阶段，但除了体形逐渐变大，身体外表的变化并不大。不过，有部分种类的蜘蛛在形态、习性上还是有一些明显变化。尤其在台湾也有分布的卡氏蒙蛛（*Mendoza canestrinii*），雄蛛在若蛛阶段身体呈银色并有一些方形黑纹，但经过蜕皮最后变为成蛛时，整个身体呈黑色并具有箭头形状的斑纹。换句话说，在若蛛阶段，银色的部分变成黑色。与卡氏蒙蛛有亲缘关系的另一种跳蛛，台湾地区叫黑雄蝇虎，顾名思义，雄性成蛛身体漆黑，但若蛛却具有箭头状的斑纹。不只是跳蛛类，常见的漏斗蛛虽然成蛛身体接近黑色，幼蛛却为亮赤褐色；诸如此类的一些蜘蛛发育到成蛛时，体色会完全改变。虽然在海内外已有一些蜘蛛图鉴可供鉴定蜘蛛种类，但在图鉴中出现的多为成蛛，因此捉到若蛛时根本无法以图鉴判断种名，只好饲养到变为成蛛才能判断。这是蜘蛛分类至今仍落后于其他动物的原因之一，但从另一方面来说，单是采集、饲养若蛛，就有另一种兴味和新的发现。

　　其实若蛛和成蛛不同的地方并不止于形态和体色，在习性上往往也会出现明显的变化。例如粗螯蛛（*Pachygnatha* spp.）等多种属于肖蛸科的蜘蛛，虽然若蛛是结网型的，但到了成蛛阶段却不再结网，从行为上来看倒像是鳞纹肖蛸（*Tetragnatha squamata*）。它们到了晚间会潜进其他种类的蜘蛛的蛛网中，或徘徊在叶片上猎食昆虫。它们捕猎到昆虫时，不像结网型蜘蛛使用蛛丝捆绑猎物，而是像其他游猎型蜘蛛一样，一口将猎物咬住。但也有反过来的，即若蛛阶段不结网，到了成蛛阶段却会编织蛛网，例如园蛛科的曲腹蛛（*Cyrtarachne* spp.），雌性成蛛到了晚上便编织一些特殊形状的蛛网，但若蛛、雄性成蛛却不结网，到了晚上就以第三、第四对步足站在叶片的叶缘上，向左右展开第一、第二对步足，抱住爬进来的小甲虫进食。园蛛科还有很多若蛛阶段不结网的蜘蛛，当然也有一些不论在若蛛还是成蛛阶段，都完全不结网的蜘蛛。又如斑络新妇，雄蛛到了成蛛阶段就失去结网的习性，寄居于雌蜘蛛网的角落。雄蛛长大后最重要而且也可说是唯一的工作，就是与雌蛛交配，因此失去结网的习性而改为寄居的行为也颇为合理。

还有另一种状况很有趣：有些成蛛与若蛛虽然不存在前述结网和不结网的明显变化，但所编织的蛛网在构造上却有明显的差异。例如艳丽肖蛸，成蛛圆网上纬丝的数目比若蛛的蛛网上明显多出许多。

蝴蝶要经历蛹的阶段，由此羽化变成蝴蝶；蝗虫、蝉没有蛹期，经过最后一次蜕皮，就能带着完整的翅膀出现，它们的成虫与幼（若）虫很容易区别。但蜘蛛既没有蛹期也没有翅膀，不能以翅膀的有无来区别。虽然到发育后期，雄蛛触肢跗节等生殖器的形状渐趋明显，由此可区分雌雄，但此时生殖器还不一定发育完整，因此有些专家把此时期的蜘蛛叫"亚成蛛"。但已达到亚成蛛阶段的蜘蛛，并不一定要再蜕一次皮就能变为成蛛而开始寻偶、交配，甚至产卵；有些蜘蛛在生殖器产生明显差异后，还要经过两次蜕皮才能变成真正的成蛛，像捕鸟蛛等，甚至在交配、产卵后还会蜕皮使身体长大。

有些昆虫，尤其是蛾类的幼虫，会因幼虫期的条件而增加或减少蜕皮次数以调节化蛹期的长短。类似的现象在蜘蛛身上更容易发生。例如冬季生长的拟环纹豹蛛若蛛蜕皮次数较多，因此最后会蜕变成体形较大的成蛛；反观春季孵化的若蛛，蜕皮次数较少，经过较短的若蛛期而变成体形较小的成蛛。原来蜕皮是配合身体尺寸的发育而发生的，与生殖器的发育只有间接的关系。

调整体温的方法

　　蜘蛛和昆虫一样都是变温动物。它们的体温不像我们依靠体内生理作用恒定维持在35℃至37℃之间，非常容易受外界温度的影响而产生变化，因此气温降低时，蜘蛛的体温也随之降低。体内新陈代谢的速度变慢，马上影响它捕猎、寻偶的效率。当气温过高时，体内的蛋白质变性会引起更严重的后果，即因中暑而死。虽然变温动物的体内不具有体温调节功能，但另一方面它们也不必为了维持体温而消耗体内能源。一般而言，变温动物维持生命现象所需的能源为相同体积的恒温动物的十分之一；但与此同时，它们为了随时保持适当的体温，必须采取其他措施或避开阳光才能生存下去。

　　关于变温动物的体温调节方法，人们对爬虫类的蜥蜴有较详细的研究。例如分布在哥斯达黎加的一群蜥蜴，在日光沐浴下体温升到38℃时就会进入阴凉处捕食猎物；当体温降到36.5℃时又会出现于日晒处。大型蜥蜴体温的下降较缓慢，经过日光浴后可在阴凉处进行约四分钟的猎食活动；但小型种类只有一分半钟的猎食时间，之后必须马上回到有阳光的地方。

　　蜘蛛适宜的温度范围，虽然不像哥斯达黎加的蜥蜴那么狭窄（36.5至38℃），但就大致情形而言，体温超过40℃时，就会产生明显的负面效果，甚至全身麻痹，一旦到达50℃就不免要热死了。

　　虽然如此，一些结网型蜘蛛仍常在阳光直晒处织网，白天也在此晒太阳。它们大致以两种方法调节体温，其一为调整蛛网的方向。例如有一种园蛛，在有日晒的空旷处织网，白天也停在蛛网中央晒太阳，

皿蛛的体温调节

光线

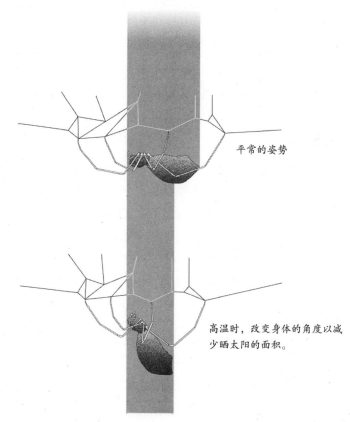

平常的姿势

高温时，改变身体的角度以减少晒太阳的面积。

但方向会因季节而发生改变：盛夏，它将身体背面向南停留在蛛网上；至秋季，结网时则改为腹部向南。这种园蛛的背面为银白色，腹面带黑色，夏天银白色的背面反射阳光，能阻止体温上升，秋天则可利用黑色的腹部提高阳光的吸收率。在阳光直射处结网的棘腹蛛，蛛网常朝向东西方向，此时只有身体侧面晒到阳光，可减少曝晒面积，相比南北方向体温可降低0.5℃至2.3℃。其二为改变身体方向或姿势。如皿蛛之类通常以平伏的姿势，静止在皿状网的下面。之后身体随温度的升高而移动，头部逐渐朝向太阳，接着腹部下垂，使体轴与阳光直射方向平行，以减少晒到阳光的身体表面积。园蛛在温度下降时，不但会改变结网的方向，还使腹部倾斜，与阳光照射方向成直角，以提高阳光的吸收率。斑络新妇也有类似的习性。

在土中营巢的澳洲本土大型异蛛（*Idiopidae* spp.），为了调整体温，在纵向的地下洞穴中上下移动。晚上地面的气温低于巢内温度，异蛛躲在巢窝的深处，等到日出后气温升高再爬到巢窝的最上部，以利于体温上升；当体温过高时，又下降到洞穴的深处。这样在巢穴内上下运动，白天体温可维持在30℃至40℃之间，在冬天也能使体温维持在约40℃。

又如漏斗蛛，它们会制造两种功能不同的蛛网分别用于捕猎和栖息，体温调节方法更是巧妙。它们在日晒处编织捕猎用的蛛网，当蛛网温度超过40℃时，多躲在用于栖息的隧道状网中，这种网中的温度不到35℃，比阴凉处的气温仅高出2.4℃。在猎物较多的日晒处结网，再躲在另一张网中栖息，就不怕受到阳光直晒了。

雌狼蛛是一类以母爱闻名的蜘蛛，常把卵囊黏在腹部末端来加以保护，因此很容易看到雌狼蛛带着卵囊做日光浴。它让卵囊晒太阳，目的应在于加速卵的发育，使其早日孵化。雌蛛携带卵囊期间动作迟钝，易遭天敌的攻击，而捕猎时也易损伤到卵，所以此时宁可挨饿而甚少捕猎。由此可知缩短携卵期对雌蛛而言甚为重要。此外，日光浴可预防卵囊内产生寄生菌，提高卵的孵化率。但日光浴对卵的发育、孵化率到底有多少正面效果，至今尚未有深入研究。

度过冬天的方法

在前一个章节中已介绍过，蜘蛛在低温时改变身体姿势以朝向太阳的方向，借此多吸收阳光。这种方法在温带的秋天或亚热带地区的冬天，确实行得通。但在温带以北，由于冬天阳光非常微弱，只靠改变姿势，可能仍不足以得到维持活动所需的热量。加上此时它们的主要食物——昆虫，也甚少出现，那么在如此寒冷且缺乏食物的季节，蜘蛛究竟如何过日子？

其实蜘蛛和多数昆虫一样，常以休眠度过冬天。至今有关蜘蛛越冬的研究虽然不多，但蜘蛛的越冬方式大致可归为三类。

第一类，若蛛、成蛛终年出现，这类蜘蛛除了冬季严寒之际，其他时间都能产卵。它们到了冬天虽然不休眠，却停止发育，以静止不动的状态度过冬天，到春天才开始活动、发育。

第二类，成蛛出现于春季至夏季，直到白天时间趋短的秋天为止。这类蜘蛛因受到短日照条件的刺激，而以若蛛的形式休眠越冬。经过一段时间的低温后，遇到春天白昼趋长的长日照条件，若蛛再从休眠中苏醒。种类多样的漏斗蛛、球蛛多属于此类随外界条件变化而进入休眠的典型，后面将进一步详细介绍。

第三类，成蛛出现于夏秋季，成蛛产卵后不久死亡，幼蛛以卵的形态休眠越冬，并经过一段低温后苏醒而发育。这类蜘蛛的卵不受雌蛛生活条件的影响，必须经过一段休眠期，接触低温后才能孵化。生活在温带地区的斑络新妇，大多以此方法度过冬天。

有些狼蛛在高山或寒带地区的积雪上以猎食小型的蝇类、摇蚊、

三种越冬的方式

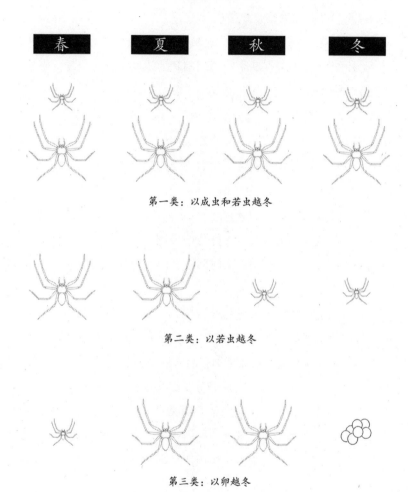

春　　夏　　秋　　冬

第一类：以成虫和若虫越冬

第二类：以若虫越冬

第三类：以卵越冬

弹尾虫为生，还有一种分布在北欧的皿蛛，利用驯鹿、麋鹿在积雪上留下的蹄痕，在此结网猎食弹尾虫。

生活在温带地区的漏斗蛛，通常一年只完成一个世代，即所谓"一化性蜘蛛"。它们常在灌木间编织棚状的蛛网，雌蛛至秋天形成内含约70粒卵的卵囊，约经十天后孵化。幼蛛在卵囊中蜕皮一次形成二龄幼蛛，不过仍停留在卵囊中度过冬天。至翌春，幼蛛才离开卵囊，以若蛛形态开始生活。如此，漏斗蛛一年中有一半时间以二龄幼蛛在卵囊中度过。但卵囊中的幼蛛一样能感受到外界白天时间的变化，当十月至十二月白昼时间逐渐缩短时，它们进入休眠，在此期间即使遇到短暂回暖的温度变化，幼蛛也绝对不会出现。经过约两个月的低温后，幼蛛才能从休眠中苏醒，做好从卵囊破出的准备。但幼蛛真正出现多半是在三月下旬，此时白天时间逐渐延长，不会再遇到严寒冬日般的低温。

蜘蛛等变温动物在冬天休眠的习性，一般认为完全是避寒求生存的策略。但像上文提到的斑络新妇，无论是秋天还是冬天产的卵，都会在三月中旬一起孵化，由此可知它们原来是利用冬天的发育停滞期，调整种群发育的时间。由于三月中旬所有的卵一起孵化，同时发育达到成蛛阶段的可能性较大，如此雌、雄蛛较容易找到交配对象，有利于繁殖后代。冬天的低温，虽然的确给蜘蛛带来诸如食物缺乏等不利的条件，但蜘蛛却能倚祸为福，利用严冬调整发育期，进而提高繁衍的概率。

幼蛛的飘迁

　　虽然雌蛛每次产卵的数目因种类而有很大的变化，但一次产下上百个卵倒是很常见的事。通常孵化的幼蛛会暂时挤在卵囊中，等蜕皮变为二龄幼蛛后才出来，之后也暂时聚集在一起，直到下一次蜕皮。此时若蛛还完全依赖体内的卵黄提供营养，只吸水不取食。但进入三龄期的若蛛就开始发挥捕食天性，此时若无足够的食物它们便互相残杀，以自己的同胞为食而长大。因此到这个时期，若蛛必须分散，各自找寻存活的路。若蛛从腹端吐丝，利用丝乘风飘荡而分散，这种现象非常类似于气球飘浮，因此英文称之为 ballooning。这种很多若蛛同时吐丝飘荡的现象在自然界中相当常见，自古就引起人们的注意。5世纪的中国古书中称之为"游丝"，即"飞在空中的蛛丝"。科学性较强的记录，最早见于1889年达尔文的《"小猎犬"号航行记》。据达尔文描述，在1832年11月1日早晨停在阿根廷拉普塔河口，离陆地一百公里处时，看到许多细丝乘着微风飘来，几乎覆盖了半个天空。上千只约长2.5毫米、带黑红色的小蜘蛛，随着丝线飞到甲板上。当然，能降到甲板上的小蜘蛛算是幸运的，应该还有更多、更多的蜘蛛飘落于海上。

　　其实蜘蛛飘荡在海洋上并非罕见的现象。为了调查飞虱等农业害虫的长距离迁移，一些农业害虫专家自1970年代起，常在东海利用气象观测船上悬挂的捕虫网采集海上迁移的昆虫，同时也采集到了不少蜘蛛。例如1979年7月13日至15日，3天内竟在离大陆海岸约500公里处采到105只蜘蛛。这些蜘蛛都是若蛛并且大多为肖蛸之类。它们

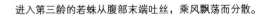

进入第三龄的若蛛从腹部末端吐丝，乘风飘荡而分散。

竟然乘风飘浮数百公里之远，有的甚至可以旅行上千公里。在5000米的高空上利用装有捕虫网的飞机采集，也曾捕捉到蜘蛛。虽然借助空中飘浮能够找到适当的栖所，但存活的机会并不高。从上述采集记录可知，它们可以利用上升气流飘浮，上升到相当的高度并旅行很长的距离。的确有不少种类的蜘蛛利用空中飘浮的方法分散，并扩大分布范围。

　　整理有关的资料，不难发现无论是洞穴蜘蛛、结网蜘蛛还是不结网的游猎型蜘蛛中，都可发现依靠飘浮而迁移的种类，包括穴居型的地蛛，结网的家隅蛛、妩蛛、球蛛、皿蛛、肖蛸、园蛛等以及游猎型的狼蛛、猫蛛、逍遥蛛、蟹蛛、管巢蛛、跳蛛等。但另一方面，穴居型的节板蛛、大疣蛛、盘腹蛛，以及游猎型的石蛛、卵形蛛、拟平腹蛛等，一般认为是不会飘浮迁移的。另外还有很多种蜘蛛，到底会不会飘浮仍属未知。如此看来，若蛛的飘浮性与蜘蛛的分类几无关联，很多共同的属性，都是广泛分布于全球的蜘蛛所具有的。正如植物中的风媒花因花粉授粉率不高而必须生产大量花粉来弥补一样，通过在空中乘风飘荡而分散的蜘蛛也要采用类似的"蛛海"战术，并统一孵化的时期，以便在降落时能找到同种的雌、雄蛛。其实不只是蜘蛛，所有动物生活中的每个现象，都和繁衍后代息息相关。

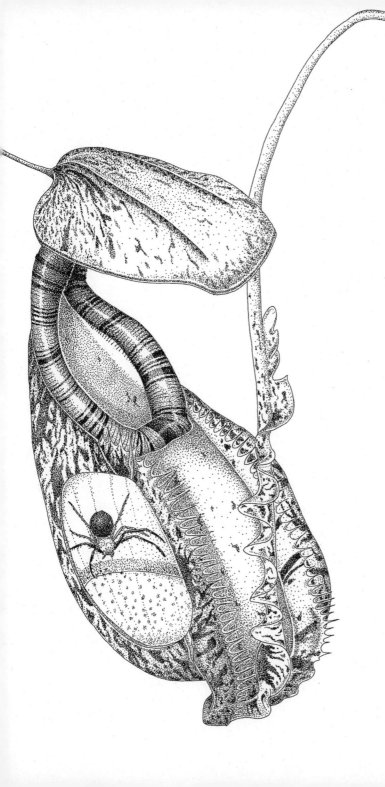

第二章　活动的场所

两种基本的生活方式

　　不论是在房子的角落，还是在地表的枯叶、砾石、树木、灌木、草丛之上，蜘蛛的踪影到处可见。有些蜘蛛在这些地方编织各种形式的蛛网，可能还有更多种类的蜘蛛在附近徘徊。除此以外，还有一些蜘蛛在土中，甚至水中筑巢而居，由此可知蜘蛛的生活方式实在多彩多姿，不过最容易看到蜘蛛的还是与陆生植物有密切关联的地方。依据生活方式可将蜘蛛分为以下两大类：

◆占座型蜘蛛
　　指生活在一定的场所，较少离开栖所的蜘蛛。又可分为结网型与非结网型两种类型。

　　结网型蜘蛛——

　　占座型蜘蛛中具有结网习性的一类，它们以蛛网为栖所，也作为捕猎之处。为了吐丝、结网，造丝器官较发达，吐丝量也多。编织的蛛网有圆网、皿网、片网、漏斗网等各种样式。

　　非结网型蜘蛛——

　　穴居型的蜘蛛：多种原始蜘蛛在地里挖土筑巢而居，本章另一小节将详细介绍这类蜘蛛。

　　水栖型的蜘蛛：从蜘蛛的演化来说，海洋中生活的海蝎向陆上扩大生活领域，演化成现在的蜘蛛，但部分种类此后又回到水中或水边建立了生活场所。由于它们的生活方式有不同于陆栖型蜘蛛的特异之处，下一个小节将详细介绍。

树栖型的蜘蛛：有些蜘蛛利用树皮的裂隙、树干上的凹陷部位等作为居住之地。如扁蛛（*Plator* spp.）之类，甚至还利用墙壁、屋檐等处筑建圆盘状居所。又如锥螲蟷属（*Conothele*），在树皮或苔藓植物之间制造袋状的巢。

　　地表生活的蜘蛛：例如部分卷叶蛛，它们在地表以丝联结土粒，缀成管状的巢作为生活居所。

　　盗寄生的寄居型蜘蛛：这类蜘蛛虽然具有吐丝织网的能力，却潜入其他种类蜘蛛的蛛网中捕食、产卵。目前已知有不少种类的寄居型蜘蛛，例如在稻田等地常见的肖蛸的若蛛，就寄居于其他种类蜘蛛的蛛网中。寄居者与寄主之间的关系有不少值得介绍之处，第二部分第七章中将再做详细的介绍。

　　以食虫植物为家的蜘蛛：猪笼草以盛有消化液的捕虫壶引诱昆虫，经消化后吸收昆虫的养分而发育。但一些蚊子幼虫的外骨骼含有抗消化酶，雌蚊在猪笼草捕虫壶中产卵而孵化的孑孓，反而可以捕虫壶内已被消化液分解的虫体为食物，真可说是强中自有强中手。目前已知在猪笼草的捕虫壶中，至少分别有一种粗脚蛛（*Anelosimus decaryi*）和一种花蛛（*Misumenops nepenthicola*）寄居。花蛛不结网而躲在捕虫壶内侧，捕食进入的昆虫；粗脚蛛到了晚上就在壶口结网，捕捉捕虫壶内羽化后想要飞出壶外的蚊子成虫。

◆ 游猎型蜘蛛

　　在已知的近五万种蜘蛛中，一半以上的蜘蛛属于此类，它们多徘徊在地表、草丛、树叶间，甚至屋子内，以埋伏方式捕猎。它们不结网也无一定的住处，但为了捕猎和制造卵囊，仍保有吐丝的特性，例如盗蛛，在若蛛时期甚至还形成简陋的蛛网。由于种类多，它们的生活方式变化也甚丰富。虽然它们不定居而在各处徘徊，但不同种类也有各自的主要活动场所，多见于山坡、平地、河流、湿地、草原，甚至洞穴里等。

　　总体上，蜘蛛的生活与植物的关系最为密切。究其原因，主要是蜘蛛仍以昆虫为主要食物，而昆虫的生活直接或间接与植物有关，因此蜘蛛与植物之间自然也产生了密切的关联。

猪笼草花蛛躲在莱弗氏猪笼草的捕
虫壶内侧，捕食进入的昆虫。

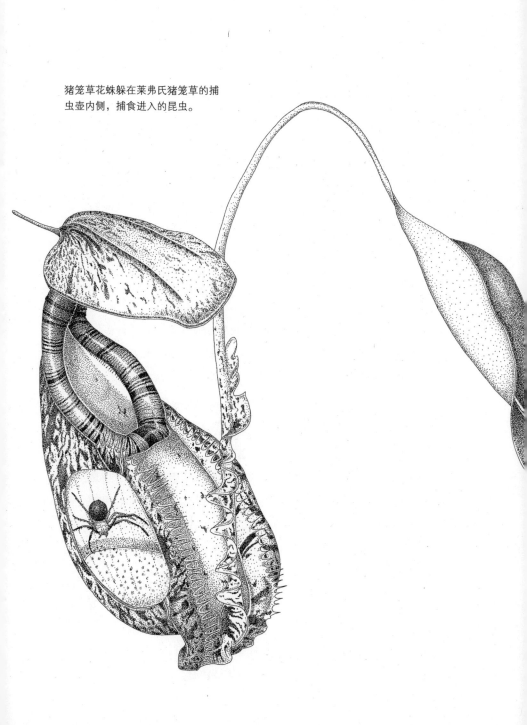

水栖型的蜘蛛

　　蜘蛛的祖先本来在水中生活，后来完全离开水域，在陆地建立了生活基地。但此后少数蜘蛛又回到水域生活，这类水栖型蜘蛛的代表主要是卷叶蛛科的水蛛（*Argyroneta aquatica*）类，它们多分布在欧亚大陆的古北地区，在中国台湾不曾发现水蛛分布。

　　适于水蛛生活的水域范围相当狭小，以水生植物繁茂、水流缓慢且未受污染的水域为主，尤其捕食性天敌——鱼类较少的沼地、湿原，更是适合它们生活。由于具备这类条件的场所有限，因此许多国家的水蛛已被列为保护类动物。它们在水中编织钟形的蛛网，又常浮现于水面，以后足与腹部夹着气泡回到网中，并将气泡储藏于棚网中，以供呼吸之用。进一步说，水蛛之钟巢并非捕猎用的猎网，它在水面猎取食物后，并不带回钟巢中进食。而蜕皮、交配、产卵等都在钟巢中进行，换句话说，钟巢就是它们生活之处。

　　若解剖水蛛的身体，就更能明白它的身体构造、生理功能其实并不能完全适应水中的生活。因此水蛛离开蛛网活动时，体毛间需要随时携带气泡，由此获得呼吸用的氧气。水蛛白天在蛛网中休息时会把前足伸出网外，随时感应水中的波动。一旦掉落水面的昆虫挣扎时引起水波，水蛛就能察觉并马上出动去捉它。到了晚上，水蛛就拉着蛛丝到较远的地方去打猎，之后再顺着蛛丝安然回家。水蛛捉到猎物后并不带回水中的蛛网食用，因为蜘蛛摄取食物时必须分泌含有消化酶的唾液，经过体外消化才能进食。如果在水中进行，极大部分消化液都会被水稀释而流失，无法进行有效的体外消化。

另外，一些虽然不在水中生活，却在河边活动、捉鱼的蜘蛛，也值得介绍。例如盗蛛科的赤条狡蛛（*Dolomedes saganus*）、掠狡蛛（*Dolomedes raptor*）之类，它们虽然体形类似狼蛛，但略为细长，体长约40毫米，具有细长的步足。它们是游猎型的蜘蛛，常在自己的领域内埋伏狩猎，有时还浮在水面生活，不过通常是静止在浮于水面的落叶、浮萍上，以前足轻轻接触水面。水面上一旦有微小水波传达出猎物的正确位置，蜘蛛接到讯息就会马上采取行动，在水面上滑行，去捕获猎物。而它的猎物不只是掉在水面的昆虫，还包括小鱼、蝌蚪和其他小型的水生动物，因此有时它还以前足轻打水面，引诱小鱼并将其捕获。其实狡蛛狩猎完全是靠它前足的感觉毛，因为它的单眼长在头部背面，只能看上面而无法看前方，更无法看到水中的小鱼。狡蛛捉到猎物时，立刻以螯牙注射毒液麻痹猎物，然后和水蛛一样不在水中进食，而是把猎物搬到岸上或爬到水面的叶片上才慢慢食用。

　　水中的确有不少昆虫可作为蜘蛛的猎物，尤其溪流是多种蜉蝣以及摇蚊、沙蚕等的幼虫的栖息地。这些昆虫的成虫大多身体柔软，是蜘蛛喜欢的食物。因此在河畔结网捕猎这些水生昆虫的蜘蛛还真不少。其中较常见的应是后鳞蛛（*Metleucauge* spp.）之类，另外银鳞蛛（*Leucauge* spp.）、肖蛸也是河畔的常客。其实蜘蛛在河畔的捕猎活动和人们钓鱼类似，选择位置很重要，成果也因此有很大的差异。因此为了在较佳的场所结网，蜘蛛间常发生激烈的领域争夺战。就后鳞蛛而言，体大而行为较凶狠的常占上风。由于后鳞蛛白天都躲在树间叶片下，至傍晚日落前后约三十分钟，刚好也是蜉蝣、摇蚊等羽化的时段，才开始罗网；另一方面，与此同时，它也常破坏附近其他蜘蛛的蛛网。虽然在此碍于篇幅，无法再叙述后鳞蛛破坏蛛网的过程，但这么有趣的行为实在值得读者自行观察。

　　谈到与水有关的蜘蛛，另一个不能忽略的是生活在海边的蜘蛛。虽然至今未发现真正的海洋蜘蛛，不过潮蛛属（*Desis* spp.）的一些蜘蛛是适于生活在海边的。体长仅8毫米左右的潮蛛多生活在热带、亚热带地区珊瑚礁、潮间带的岩石上，它们利用其他小型动物住过的小洞，或螺贝类的空壳，筑成袋状的居处，并在此交配、产卵，有时母蛛与若蛛同住在一起。潮蛛利用退潮时出来捕食生活在海滩上的弹尾虫等昆虫及小型甲壳类，到满潮时回到住处，在入口编织密网以防海水侵入，然后在此休息到下一次退潮时。

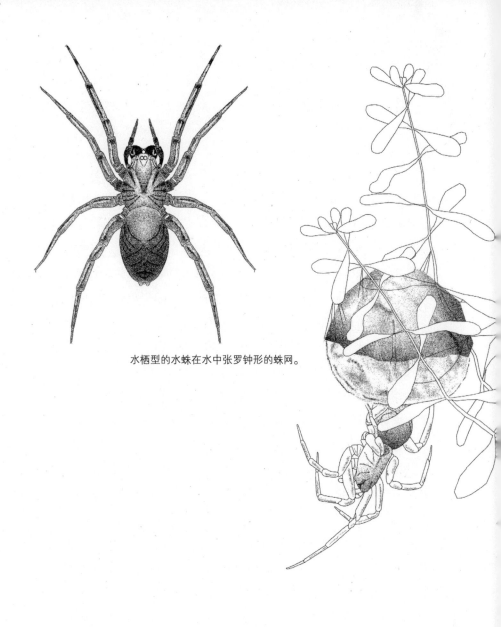

水栖型的水蛛在水中张罗钟形的蛛网。

土中造窝的蜘蛛

虽然在植物上可以看到多种蜘蛛活动，但也有不少种类的蜘蛛在土中造窝生活。从蜘蛛的祖先登陆后的进化过程推测，它们起初应生活在黑暗处，然后才逐渐把活动场所移到有光线的地方，因此在土中造窝的蜘蛛以远古型的种类居多，即多属于蜘蛛分类学上的中纺亚目（Mesothelae）、原蛛下目（*Mygalomorphae*）等。中纺亚目的代表种为节板蛛，它们算是略为进化的蜘蛛，整个腹部呈一个袋状，而且如蝎子般有明显的分节。目前已知节板蛛的分布范围包括日本南部、越南、缅甸、泰国、马来半岛、中国大陆南部等地域，但不包括台湾，不过在台湾分布的可能性也很大，大家不妨分头找找节板蛛在台湾的行踪吧。原蛛下目包括地蛛、盘腹蛛、捕鸟蛛，以及我们在关于毒蛛的章节中将要介绍的霍氏大疣蛛等。

在土中造窝的蜘蛛中较常见的有卡氏地蛛。它在中国台湾也有分布，台湾北部和中部低海拔地区比较常见。卡氏地蛛身体呈黄褐色至黑褐色，带点光泽。雌蛛体长不到20毫米，算是中型蜘蛛。它多在没有阳光直晒又不会淋到雨的树根、土墙下或岩石缝隙里筑巢。巢呈细长的袋状，由地下延伸到地面上，有的竟长达20厘米。巢的地下部分是它休息和产卵之处，地上的网袋状部位为捕猎的场所。卡氏地蛛将细沙粒、枯叶等黏在网上，形成一条枯枝状、有掩蔽效果的袋状蛛网，再由侧面拉出许多短蛛丝，将蛛网固定在树干等物体上；袋状蛛网地上部分末端呈尖锐的圆锥状，以防雨水流入。地蛛做完袋状蛛网后，通常躲在网中地上与地下交界之处，当猎物在网上爬行时，蜘蛛便透

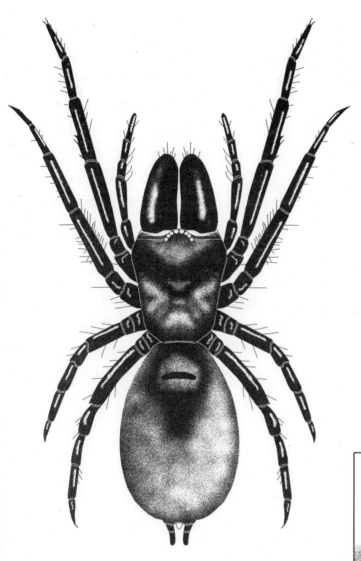

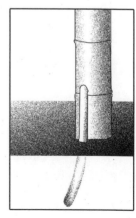

卡氏地蛛（*Atypus karschi*）的巢呈管状，
由地下延伸到地面，它就在这附近捕食。

过网壁咬住猎物，接着把猎物拖进网的地下位置进食，吃剩的残渣从蛛网上端的开口丢出，然后修补之前拖拽猎物时咬破的地方，等候下一次捕猎机会。

虽然卡氏地蛛的雌蛛一直躲在袋状蛛网中猎食、产卵，从来不露面；但成熟的雄蛛为了寻偶，却经常离开蛛网，到处徘徊，是晚间在房屋内常见的蜘蛛之一。

地蛛是用玻璃瓶等小容器就能饲养的蜘蛛，因此也是观察蜘蛛习性的好材料。但地蛛的发育相当缓慢，从孵化到成蛛成熟，通常需要四五年之久。雌蛛交配后一般到秋季开始产卵，孵化后的若蛛在母蛛袋状蛛网的地下部越冬，至春天才离开蛛网，集体爬到附近的杂草、灌木的顶上，然后吐丝，乘风飘浮而分散。

其实与土壤有关的蜘蛛习性也相当多彩多姿，除了上述较原始型的蜘蛛，还有造网型的家隅蛛，徘徊型的狼蛛、蟹蛛、跳蛛等。它们多生活在土中或落叶下，只不过它们的主要活动场所在土壤表面而不是在土中。

屋子里的蜘蛛

　　蜘蛛身体小，善于爬行，若蛛还能乘风飘浮。因为这些行为和习性，蜘蛛可说是无孔不入，甚至连我们的房屋也不放过。那么在房屋里到底有多少种蜘蛛？这当然也因地域、房子本身的建筑用材、构造和周围环境等条件而有很大的差异。在台湾，在房屋里至少能采集到30种蜘蛛。当然其中部分种类本来在房子附近的树木、草皮或庭园里活动，偶尔进入房子里才被采集到，但有些蜘蛛确实以房屋内为主要生活栖所，因为人类建造的房子和这些蜘蛛曾经当作栖所的洞穴有不少共通之处。

　　屋子里最为常见的蜘蛛应是漏斗蛛之类，就是晚上开灯时常在地板上见到的快速冲向黑暗处的那种蜘蛛。它体长约10毫米，黄褐色的身上带有黑褐色条纹和斑点，以每秒50厘米的速度快速移动，可说是蜘蛛中的短跑好手，而在房屋里走动的多半是正在寻偶的雄蛛。雄蛛常出现在我们居住的地方，它所织的三角形漏斗网也常见于阁楼、较干燥的地下室、库房等。漏斗蛛广泛分布于全世界，是最容易看到的蜘蛛之一，与人类有不少渊源。自古以来，人们就认为漏斗蛛是治疗疟疾的妙药，在古代埃及，还有把漏斗蛛放在新婚夫妇床上的习俗，人们相信这样会给新郎、新娘带来好运。

　　家中常见的另一种蜘蛛是长脚的幽灵蛛，它多停留在天花板上，编织一个看起来没什么用的纤细蛛网，但这种网丝足以缠住它的食物——苍蝇的脚。虽然幽灵蛛算是结网型蜘蛛，但它常常搬家，尤其是雌蛛，大致两三天就换个地方结网，有时还和另一只蜘蛛交换蛛网，

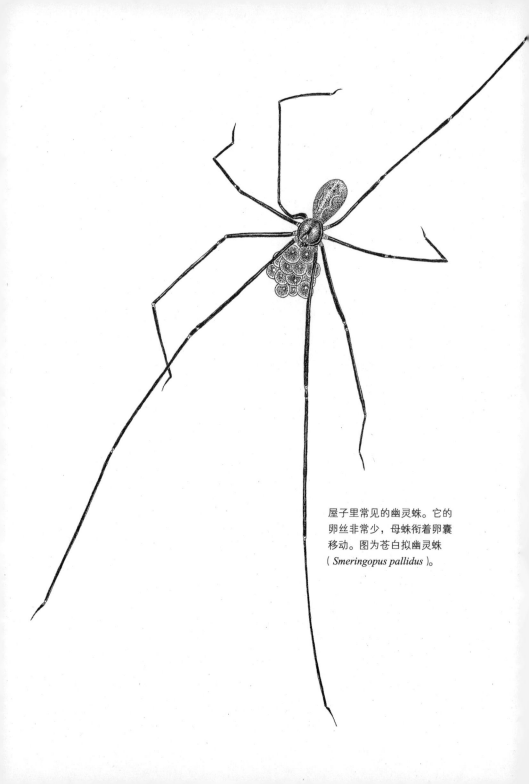

屋子里常见的幽灵蛛。它的
卵丝非常少，母蛛衔着卵囊
移动。图为苍白拟幽灵蛛
(*Smeringopus pallidus*)。

进行取食活动。

虽然如此，幽灵蛛与其他蜘蛛并不总是如此和平共处，它们有时会掠取其他蜘蛛蛛网上的猎物，甚至捕食这张蛛网的主人。幽灵蛛会紧缩腹部，上下摇动前进，利用特长的步足扯动蛛网上的蛛丝，蛛网的主人以为捉到猎物就跑到蛛丝上，因此上了幽灵蛛的当而被捕食。幽灵蛛自己受到攻击时，也会激烈地上下摇动身体，做出威吓的行为；若是如此还不能击退对方，就坠落到地面上，以装死的方法逃过一劫。

幽灵蛛虽行动极为缓慢，却有很多特殊行为，在台湾又十分常见，可说是很好的自然观察题材。

谈到屋内的蜘蛛，不能忽略的是台湾地区叫"奅犽"的巨蟹蛛。这种蜘蛛的雌蛛体长为25至30毫米，是台湾地区在屋子里活动的蜘蛛中体形最大的。它本来只分布于亚洲热带地区，但随着国际贸易的发展，跟随货物传播到了世界各地，现在广泛分布于全世界热带、亚热带、温带地区，甚至在欧洲的动物园里也有采集记录。巨蟹蛛多在夜间活动，是不结网的游猎型蜘蛛。巨蟹蛛虽然不会影响房间的美观，也不会造成任何危害，但可能由于体型怪异，常遭受人们的残酷对待，很多人只要看到巨蟹蛛，往往要赶尽杀绝才会罢手。其实巨蟹蛛有夜间活动的习性，由此可知它的活动时段与重要的室内害虫蟑螂一致，正好是蟑螂的捕食性天敌。在一次观察中，从晚上八点至深夜两点的六个小时内记录到1只巨蟹蛛捕食了20只蟑螂，而且人们发现在它捕食蟑螂时，如果又出现另一只蟑螂，它会马上放弃正在吸食的蟑螂，而去捕食新的蟑螂。由此可见，巨蟹蛛能高效地捕捉蟑螂，不愧为蟑螂的最佳捕食性天敌。

因此，巨蟹蛛的分布地域和黑胸大蠊、美洲大蠊等热带蟑螂的分布范围相当一致。然而，它的捕杀能力是否能够超过蟑螂旺盛的繁殖能力还值得探讨。加上巨蟹蛛的领域性甚强，在同一个房间里几乎只能发现一只巨蟹蛛，此种领域性想必也使它们对蟑螂的抑制效果大打折扣。

巨蟹蛛常受到人们欺侮的另一个原因，应缘于"晃犽撒尿"的说法。在乡下，尤其夏天早晨起床时，脸上、脖子或手腕上常会发现一道红肿的、起水泡的痕迹，十分疼痛。其实这是一种小甲虫——绿翅蚁型隐翅虫飞到身上时，我们不小心把它捏死后所产生的后果。因为隐翅虫体内含有一种引起皮肤炎的有毒物质——隐翅虫素（pederin）。而隐翅虫有趋旋光性，晚上开灯时常飞进屋子里，和巨蟹蛛的活动时间又相当一致，这就使得巨蟹蛛蒙受了不白之冤。

栖所争夺战

就像我们都想住在交通方便、环境优美的地方一样，动物也会争夺条件优良的环境，蜘蛛当然也不例外。但蜘蛛为了争取适合自己生活的场所，会发生什么样的竞争呢？讨论这个话题前必须先了解一些较为专业的术语，一为"领域"。所谓领域，又名势力范围，生态学上的定义为：某一种或一群动物为了确保自己的基本生活不受其他动物侵扰而防守的小区域。如果有另一种或另一群动物侵犯领域时，动物就会想尽办法赶走侵犯者，保卫自己的领域。这相当于我们保护自己的宅院，不容许外人乱闯一般。另一个与领域有点关系的专业用语为"行动范围"，即为了获得充分的食物或进行寻偶、育子活动的整个地域，这个范围当然比"领域"大，而且容许其他动物进入。换句话说，在行动范围中能同时看到多种动物，相当于我们在生活中买东西、上学、上班，甚至看电影等娱乐活动涉及的范围。

蜘蛛是捕食性动物，因此对它们来说，猎物较多或容易接近猎物的地方，才是良好的领域。为了占据此种领域，往往需要展开一场激烈的争夺战。这有点类似喜欢钓鱼的人，要抢先占据鱼较多的地点垂钓。例如在美国沙漠地区的草原上做的一项调查中，人们认为对一种猫蛛来说"优良""中等""不良"的场所分别占整个草原的3%、8%和89%。也就是说，草原的大部分地方对猫蛛而言并非优良居所，猫蛛常占据那些"优良"及"中等"的地域结网，对"不良"场所的利用率则只有3%。事实上，在这片草原中，能夺得好位置结网定居的猫蛛只占整个猫蛛种群的1/3。其他2/3的猫蛛只好到处流浪，并伺机抢夺已被其他猫蛛占据的"优良"场所。

因此领域的主人与入侵者之间不断地产生斗争，但战斗通常以主人击退入侵者而告终。大约只有1%的比率，猫蛛主人会被赶出自己的领域。

由实验结果得知，胜败的关键主要在于体重差异。当体重差异明显时，不管主人还是入侵者，体重较大者都会得到胜利。但若两者体重差异不到10%时，即使主人的体重较轻，打败对方的概率也能大幅升高。当体重差异不大，两者都不肯让步时，入侵者会先把触肢挂在主人的蛛网上，用步足拉蛛丝，同时上下左右摇动腹部，以此种威吓行为吹响开战的前哨。如果在此阶段，有一方知难而退，那么战争就到此结束；但若双方仍不相让，即开始激烈斗争，它们以触肢互相夹住，以步足搏斗，甚至咬住对方把它拉出蛛网外。

既知体重大小为决定胜败的关键，那么蜘蛛如何判断对方的体重？蜘蛛的视觉通常不太发达，很难判断对方的体形大小。因此在一次实验中，在体重较轻的猫蛛腹部贴上一片小铅板，使它的体重增加为原来的两倍。虽然贴上铅板后蜘蛛的行为与之前并无变化，但另一只猫蛛对它的反应却如同遇到体重较大的蜘蛛般，立即退后让贤。

那么为何遇到体重较大的竞争者就轻易让步呢？这也是它们存活的策略之一。因为展开一场必定要输的斗争，一旦受伤势必影响以后的存活，不如保证身体安然无恙，保持体力另找生活场所，或再找有胜算的对手较量高下。其实这种现象不只出现在猫蛛身上，当身体大小悬殊的两只雄性独角仙在寻找雌虫的过程中相遇时，体形小者也会自动让路，不与体形大的雄虫一决高下，这样的决策对于弱者而言是较为有利的。

关于蜘蛛的领域战争，还有另一种值得注意的现象：在愈"优良"

的场所，双方的争夺战往往愈激烈而且持续时间愈长。如此说来，蜘蛛主人与入侵者之间的斗争行为会因领域的价值而发生变化。但是关于这些行为，目前尚无定论。我们只能推测，或许蜘蛛主人在此生活一段时间后，已经知道领域的优良性，因此遇到入侵者会猛烈反击；然而刚进入该领域的入侵者如何评估该领域的优良程度？或许从蜘蛛主人反击的激烈程度可以察知吧！因此为了获得好场所也会拼命一搏。欲证实以上的推测，可以先除去蜘蛛主人，在没有主人的蜘蛛网上同时放两只蜘蛛，这样新来者之间的战争激烈程度、斗争时间就和领域的价值无关了。换句话说，占据优良场所的蜘蛛主人愈是舍不得放弃自己的领域，愈会诱使入侵者猛烈地进攻。

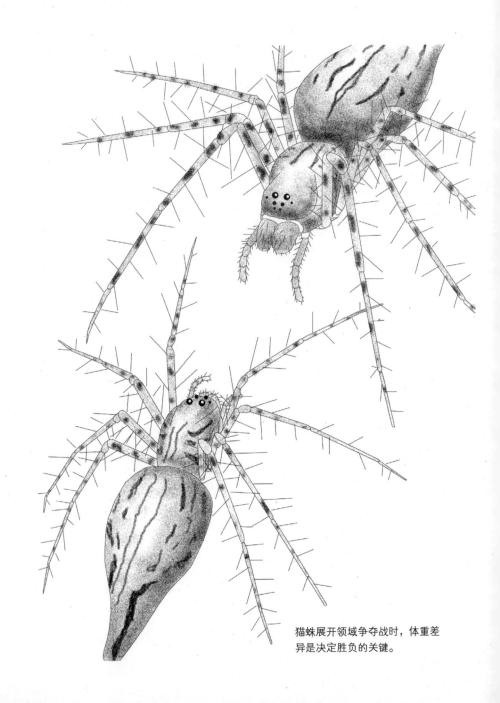

猫蛛展开领域争夺战时，体重差异是决定胜负的关键。

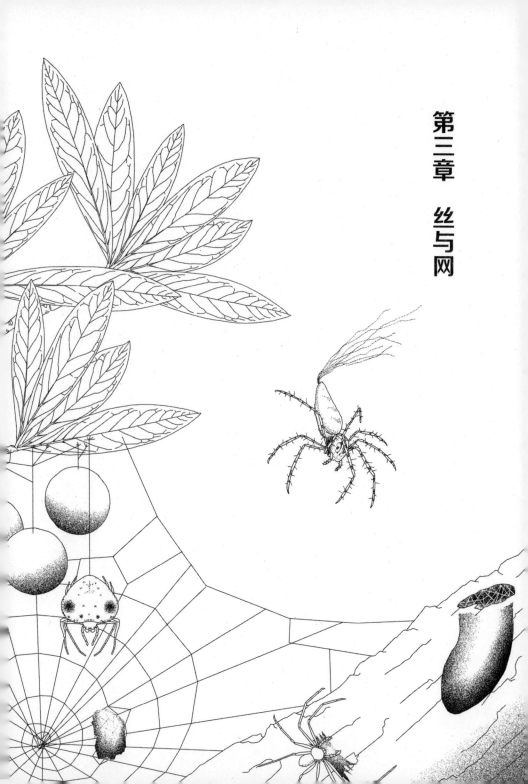

第三章　丝与网

蛛丝的种类

　　从出生到死亡，蜘蛛的生活离不开蛛丝。在超过两百万种的动物中，除了蜘蛛以外，没有任何动物的生活与丝如此密不可分，而这也正是蜘蛛的一大特征。虽然蚕宝宝结茧时从口器吐出蚕丝，还有一些动物在生长的某个阶段也确实有吐丝的习性，但蜘蛛从腹端的纺器所吐出的丝，因蜘蛛种类和使用目的的不同而异。蚕宝宝只能吐出一种丝，而一只蜘蛛竟能从不同位置的纺器吐出八种蛛丝，由此可知蜘蛛吐丝习性之妙。那么到底有哪几种纺器与蛛丝呢？在此还是以教材式的写法列举与蛛丝有关的八种名称及其主要功能。

　　拖丝：蜘蛛行走时，在它后面牵着的一条丝，就是拖丝。当蜘蛛从高处下垂时，所使用的丝又有特别的名称，叫作"垂丝"。

　　捕带：捕捉猎物时绑住猎物所用的丝，又名"缠丝"。

　　附着盘：为了固定拖丝或垂丝，以多条蛛丝形成的盘状蛛丝之聚合体。

　　精网：成熟的雄蛛在交配前制作极小的蛛网，面积不到一平方厘米，这种网叫作精网。雄蛛把精液滴到精网上，然后将精液移到触肢末端膨大的部位，最后把精液送到雌蛛的生殖口，从而顺利交配。

　　网丝：多数蜘蛛编织捕猎用的蛛网所用的丝，也就是通常所说的蛛丝。

蛛丝的八种类型

游丝

附着盘

卵囊丝

拖丝

网丝

巢丝

精网

捕带

巢丝：蜘蛛制作居所用的丝。所谓居所，即用于产卵、育幼、蜕皮、越冬或为了猎捕而埋伏之处。

卵囊丝：制造卵囊所用的丝。雌蛛产卵之前，为了保护卵，会以卵囊丝制作茧状的卵囊，里面藏有很多卵粒。

游丝：第一章中"幼蛛的飘迁"介绍过，游丝是从卵囊出现的二龄若蛛为了乘风飘浮分散开去而从腹端吐出的蛛丝。

远古型的节板蛛腹部中央有四对纺器，但多数演化程度较高的蜘蛛腹端具有三对纺器。蛛丝由藏在体内的丝腺合成，经过细管状的丝管送到腹端的纺器及筛器，再从纺器上突起的纺管排出体外。蛛丝的粗细（直径）因纺管的直径而异，粗者直径有10至15微米。但我们所看到的蛛丝，并非从纺管排出的一条蛛丝，而是从左右纺器吐出的数条同种蛛丝黏合在一起形成的。

但奇怪的是，蜘蛛体内并无专司压迫丝腺的肌肉，它主要是利用腹部肌肉的收缩作用把丝腺中的液体挤出体外，所以如果捉住一只蜘蛛，稍微用力压一下它的腹部，腹端就会挤出蛛丝般的黏液。但蜘蛛只靠腹部肌肉的收缩作用，究竟如何控制吐丝量及所吐出的蛛丝种类，其机制仍有很多不详之处。

对结网型蜘蛛而言，蛛丝是捕猎时的最大利器，因此为了提高捕猎效率，蛛丝必须具备几个必要条件，如黏性较大，强韧且不易被切断等。另外蛛丝的透明度也很重要。由于显眼的蛛网易暴露蜘蛛的行踪，不但猎物不会靠近，而且往往使蜘蛛本身成为捕食者的攻击目标。为了解决这个问题，孵化不久的幼蛛所吐出的白色蛛丝（游丝）对可见光的反射率较高，让我们很容易看到；但随着蜘蛛的发育，它们所吐出的蛛丝对可见光的反射率降低，因而逐渐成为不易被发现的蛛丝。如此，蜘蛛利用蛛丝对可见光反射率的变化，就能有效地防止受到依赖视觉寻找猎物的捕食者攻击。蛛丝的另一个特征是对紫外线有很高的吸收率。由于蜘蛛的主要猎物是昆虫，而昆虫的复眼可以察知紫外线并利用紫外光活动，由此推测，昆虫更不易发觉蛛丝的存在。因此，蜘蛛在蛛丝上花费的工夫，不仅能够保护自己，而且能提高猎捕效率。

蛛网的形式

近五万种蜘蛛中，所有的蜘蛛都有吐丝的习性，虽然其中用蛛丝制作蛛网的所谓"结网型蜘蛛"不到一半，但无论如何，蛛网依然是谈到蜘蛛的生活时不能忽略的重要部分。虽然我们将蜘蛛以蛛丝制作的网通称为蛛网，但只要细看一下就知道蛛网也有各式各样。以下将蛛网分为六大类来加以介绍。

圆网：呈网形的蛛网，最显著的蛛网形式。主要组成部分为由网的中心放射状发出来的"径丝"（放射丝）和横向与径丝相连的螺旋状"纬丝"。依蛛网的构造、附属物等，可再细分出十多种圆网，在这里不再详细说明。

皿网：呈皿状的立体蛛网。皿口朝上或朝下，网体上下还有许多不规则排列的蛛丝支持网体。

漏斗网：也是立体状的蛛网。网体中央具有一个供蜘蛛躲藏的管状巢，由巢口向外水平延伸出猎捕用的棚状网。不过也有仅由管状巢构成的漏斗网，多见于草丛、树上、路边驳坎或房屋的角落。

条网：仅由一条或数条蛛丝形成的简陋蛛网，近地面的蛛丝末端往往附有黏捕猎物用的黏珠。

不规则网：由很多蛛丝不规则排列构成，具有多种形式。有的呈立体笼状或类似棚状，甚至还有以枯叶遮蔽网体等形式。

棚网：以大量蛛丝构造而成的致密的平面网，常出现在阔叶树的叶片上。蜘蛛常躲藏在网面下，埋伏着等待猎物。

利用地面凹陷处建造的网或如水蛛那样在水中编织的蛛网等，并

蛛网的六大类型

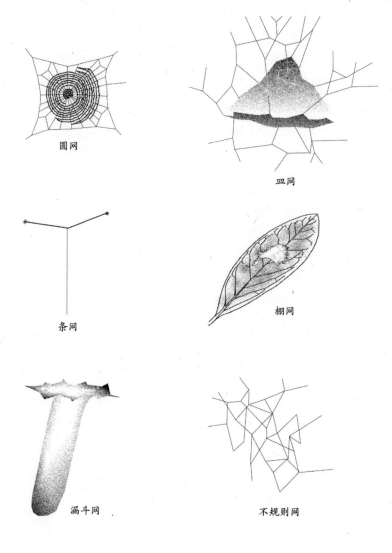

圆网

皿网

条网

棚网

漏斗网

不规则网

不属于上述六大类，而是一些特殊的蛛网，其中还有形状极为奇特的。例如，分布在美国佛罗里达州的一种园蛛所结的蛛网是圆网的一种变形，即蛛网的中心在圆网的下方，由此向上方编织成宽7厘米、长达120厘米的梯子状蛛网。此种梯子状蛛网一般认为是为了捕猎蛾类而特别设计的，因为当蛾类被普通的圆网黏到时，它们只要脱落翅膀上的部分鳞片就可脱身；但遇上长梯子状蛛网，蛾类即使掉光翅膀上所有的鳞片，最后还是会被躲在蛛网最下部的蜘蛛捕捉。在北美还有一种拟园蛛，是体长仅约5毫米的小型蜘蛛，夜晚它在树枝间以七至八条没有黏性的径丝编织星状蛛网，大致只要花两分钟便可完成造网工作；而上面所说的那种编织梯子状蛛网的园蛛，至少要花三个小时的时间才能完成。拟园蛛将星状网的每条径丝都铺在象鼻虫等昆虫在树干上爬行的通路上，一旦察知有昆虫爬过，拟园蛛就会立刻出动捕捉。由于标准的圆网不易捉到树上爬行的昆虫，于是拟园蛛发展出这种特殊构造的星状网，捕捉其他蜘蛛未能利用的猎物，以建立自己的生态地位。

另一种值得介绍的奇形蛛网是球体蛛科所形成的逆伞形蛛网。由于逆伞网中的纬丝黏性不够强，只能黏住猎物数秒钟，如果球体蛛不立刻赶过去，就会让猎物逃走，而倒立雨伞状的逆伞网恰好可以解决这个问题。蛛网中央相当于雨伞柄部的位置会伸出一条具有弹簧作用的蛛丝，球体蛛在蛛网中央用步足紧捉住这根"柄"，等候猎物到来。当苍蝇接近时，球体蛛忽然放开这根弹簧一样的蛛丝，本来展开的伞部就会马上收缩，快速包住猎物。类似的捕猎法也见于套索蛛。

综上所述，蛛网不但形式多种，而且即使看来简陋无比的蛛网，其中也大有玄机。

圆网的张罗过程

❶ 先挂框丝

❷ 编织径丝

❸ 编织站脚丝

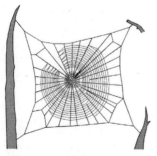

❹ 编织纬丝后完成的圆状网

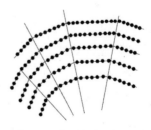

纬丝上具有黏性的物质呈念珠状

蛛网的演化

从古生物学研究，已知最早出现的蜘蛛无疑是狩猎者，但它们从何时开始造网，至今未详。但是在三亿年前的石炭纪，生活在森林里的蜘蛛化石中已发现明显的纺器，由此推测它们虽然还不能造网，但或许至少已有吐丝的功能。也许那时的蛛丝只用于保护卵或建造简单的住所，后来用于捕猎的蛛网则可能是从筑巢用的蛛丝演变而来的。有时候我们会看到昆虫被筑巢用的蛛丝缠了步足而被蜘蛛捉住，由此推测蛛网应该是随着蜘蛛的生活形式而逐渐发生变化的。

更具体来说，最原始的七纺蛛（*Heptathela*）只有一种纺器，因此所排出的蛛丝也只有一种，它用这种蛛丝造巢，同时也制造卵囊。虽然七纺蛛的丝腺数目很多，但皆极小，能够产生的蛛丝量自然不多。至于蟷蠰类，光是为了筑巢就需要更大量的丝。有些蟷蠰还拉着蛛丝离开巢穴去捕猎，需要不断地吐丝才能跟着自己的蛛丝回到家，因此它们的丝腺逐渐变大，而且为了吐出筑巢用的丝和拖丝，它们已经具备了两种丝腺。

在地表活动的蜘蛛，尤其石蛛、类石蛛之类，大多利用黑暗的细隙筑巢，到了夜间才拉着拖丝出来活动。由于巢的类型分化，它们已经能够吐出三种蛛丝。在地上活动的蜘蛛中，狼蛛、漏斗蛛之类开始在光亮处活动，也扩大了活动范围，由此也提高了拖丝的重要性。同时为了制造固定拖丝用的附着盘，也开始出现另一种蛛丝，例如部分漏斗蛛为了在树间制作皿网，需要大量的径丝，它们的丝腺比不结网的狼蛛更为发达。为了制造卵囊，雌蛛还发展出另一种特有的丝腺——管状腺。在湿度适当、温度变化不大的黑暗处，它们的卵通常都能够顺利发育，但在日晒处情况就大不相同：不但捕食者多，而且温度、湿度变化大，都会影响卵的发育。为了加强对卵囊的保护，于是出现了更粗、更强韧的蜘丝，甚至不仅是直线状的，还要有弯曲的，蜘蛛的管状腺也相应地更趋多样化。

跳蛛、管巢蛛等演化程度较高的蜘蛛反而缺乏管状腺的构造，因为它们会先制作产卵室并在里面产卵。只要构造简单的卵囊即可保护它们的卵，因此地上游猎型的蜘蛛大致具有四种丝腺。而像球蛛、园蛛、肖蛸等在空中造网的蜘蛛，必须拥有可以黏住猎物的黏丝，它们除了分泌蜘丝本身之外，还需要腺体分泌附在丝上的黏液，因此它们另外发展出两种丝腺，如此一来，空中造网的蜘蛛，大致具有六种丝腺。

经过约三亿年的进化，蜘蛛终于发展到制作圆网的阶段。一般认为圆网是最进化的蜘网，因为它具备如下六个优点。

1. 可以涵盖较大的空间，从而扩大狩猎范围。例如斑络新妇常编织直径超过1米的大网，可捕捉飞到此范围之内的猎物。

2. 依地形不同，可编织成垂直、倾斜、水平的蜘网。例如在溪流旁编织水平的圆网，适合捕捉从水中羽化而飞起的水生昆虫成虫。

3. 圆网以粗而强的框丝形成外廓，蜘蛛每天更新或补充有黏性的纬丝时，可以框丝为着脚处，来回走动，迅速完成更新或补充蜘网的工作。

4. 利用一些蜘丝拉拢周围的草叶、树枝，并用固定盘固定蜘丝两端，这样制作圆网可节省不少蜘丝。

5. 通过圆网上径丝的振动可察知猎物是否被黏住，因此蜘蛛平常可在圆网中央休息，节省不少体力。

蛛网的演化过程

有筛器类蜘蛛

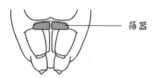 筛器

无筛器类蜘蛛

卷叶蛛

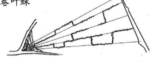

皿蛛

横疣蛛

（审校注：横疣蛛即栅蛛，
　是没有筛器的。）

云斑蛛

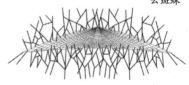

妩蛛

园蛛

6. 由于各条径丝、纬丝之间有相当大的间隔，不易被风吹破，若是猎物被黏住而挣扎得太厉害，可切断周围的蛛丝，将蛛网的损坏程度减到最小。

总而言之，蜘蛛起初生活在暗黑之处，此后把活动场所迁移到有光线的地方，在此过程中，拥有造网能力的蜘蛛成功地把活动范围扩大到空中。早在鸟类还没有出现的时期，能在空中活动的只有一些昆虫，因此在蜘蛛未发展出圆网之前，飞翔在空中的昆虫可说是完全没有捕食者的威胁。对蜘蛛而言，能够利用这种新的食物资源，也是一大福音。形成圆网的蜘蛛正是由此建立它们繁衍的基础。

结网是耗力的激烈劳动

对结网型蜘蛛来说，蛛网可作为住家、求偶、交配、产卵等的地方，有多种用途，但最大功能仍在于捕捉猎物。蜘蛛发展出结网的习性后，捕捉效率大幅提高，而且所织的网愈大、愈密，捉到的猎物也愈多。但为了结网所投资的资源也随着蛛网的扩大而增加，那么到底应该采取何种策略，才能以最小的投资——体力和营养的消耗——达到最大的捕获效率？

先从体力消耗说起。由于蛛网有多种形式，因蛛网的形式不同，体力的消耗量有很大的差异。不只是蜘蛛，所有的动物在完全静止不动的状况下，为了进行新陈代谢一样需要一些热量，此时的热量叫作基础代谢量。而活动时的代谢量，就蜘蛛而言通常增加到2至6倍，这是比较静止时和活动（造网）时的氧气消耗量或二氧化碳的排出量而计算出来的。由此计算得知，一只漏斗蛛成蛛为了完成构造致密的漏斗网，共消耗86卡[1]的热量，几乎相当于它基础代谢量的20倍。而编织圆网的园蛛，虽然所造的蛛网直径为其体长的二三十倍，不过因为蛛网上蛛丝的间隔较大，所需的蛛丝并不多。园蛛织网消耗的热量只比休息时高出2%，其中还有一个主要原因，就在于旧蛛丝的回收及再利用。因为蛛丝以α-角蛋白（α-keratine）为主要成分，而蜘蛛的蛋白质多半要靠消化、分解、吸收猎物体内的蛋白质才能合成，是得之不易的珍贵资源。另一方面，有时因为造网场所选择不当等原因，必须在另一个地方重起炉灶，此时为了节约资源，不少蜘蛛也会先吃掉原

---

1 1卡＝4.1858518焦耳。86卡约等于360焦耳。

有的蛛网，再以旧网为原料，在体内重新合成编织新网用的蛛丝。虽然在蜘蛛体内究竟经过什么样的过程把旧网变成编织新网的原料至今未详，但利用放射性同位素的追踪实验，已知旧网的再利用率有时竟超过90%，由此可知，蜘蛛利用这个方法大幅节省能量、资源。但像斑络新妇这种没有利用旧网习性的蜘蛛，造网时所消耗的热量会高达休息时的2倍。

一种编织皿网的皿蛛，造网时所需的热量是基础代谢量的4至8倍。此数值大致在上面所说的漏斗蛛与园蛛之间，因为这种皿蛛的皿网不像漏斗蛛的网那么致密，但所用的蛛丝量比园蛛多，而蛛丝又没有再利用的功能。如此看来，蜘蛛造网时所需的热量，因蛛网的形式与致密度、所需的蛛丝量、有无再利用旧蛛丝的能力而有极大的差异。

造网所需的能量也会影响蜘蛛以后的行为。蛛网最大的目的是捕捉猎物，因此收获不佳时，必须易地重新造网。而搬家、移动及重新造网必须支出额外的能量，因此遇此困境时，蜘蛛必须慎重考虑。上文所提到的漏斗蛛造网时，每日所需之能量为休息时的20倍，如果不搬家、不造新网，在原地熬上20天没问题。从这个角度看来，对造网时热量支出较大的蜘蛛而言，即使捕获率降低，也不能轻易搬家。

其实通过投喂不同数量的猎物对漏斗蛛与斑络新妇所做的实验结果显示，获得的猎物量较少的斑络新妇，搬家频率比漏斗蛛高出许多。在完全不投喂猎物的情形下，大约一半的漏斗蛛仍会固守在原地，表现出惊人的耐性。

造网时支出能量的多少，也影响到不同体形的蜘蛛所编织的蛛网的大小。大型蜘蛛虽然编织大型网，但在若蛛期编织的却是同一形式的小型蛛网，因此若蛛期的蛛网只能捕捉到小型的猎物。对若蛛而言，捕捉到大型的猎物，不但无法处理，在猎物的强烈挣扎下，蛛网还会产生严重的破损。为了修补蛛网，需要付出额外的能量、资源，实在得不偿失。因此，遇到大猎物时，若蛛干脆切断附近的蛛丝而将它放走。相反，当成蛛以大型网黏到一些微小昆虫时，成蛛也置之不理，甚至把小昆虫扔到网外，免得影响以后的捕获效率。对于体形大的成蛛来说，为了一一处理、取食这些微小猎物，得到的营养还没有付出的热量多。因此可以说，蜘蛛的一切行为都和体内热量的收支有密切的关系。

蜘蛛为何不会被蛛丝粘住

　　看到一只蜘蛛在蛛网上敏捷地走动，并处理粘到蛛网上的猎物时，我们马上想到的疑问是：蜘蛛为何不会被自己的蛛丝粘住？其实这是个老问题，谜底尚未完全揭开。据我所知，首次以实验方法挑战此问题的可能是有名的昆虫生态观察家法布尔（H. Fabre）。但在介绍法布尔的实验之前，要先简单温习一下蛛网的构造。以园蛛的蛛网为例，蛛网包括形成蛛网外廓的"框丝"，蛛网中心让蜘蛛静止休息的"网心丝"，围绕网心丝并以放射状延伸到框丝的"径丝"（放射丝），以螺旋状横向连接径丝的"纬丝"，共四大部分。其中纬丝就是用来捕捉猎物的蛛丝，因为具有黏性，也称为黏丝。而其他三种蛛丝则并不具有黏性。

　　法布尔注意到，蜘蛛不但能在蛛网上迅捷地走动，而且走路举足时也不会把蛛丝粘上来。观察到这种现象后，他猜测是蜘蛛步足末端分泌的一种油脂物质使步足不会粘上蛛丝。于是他剪掉步足末端，或以会溶解油脂的二硫化碳溶液浸渍步足末端，再让蜘蛛与纬丝接触，此时步足就被纬丝粘住了。因此法布尔认为，从步足末端分泌的油脂物质就是不让步足被蛛丝粘住的法宝。此后不少人利用活体蜘蛛进行类似的实验，也证实以苯、丙酮等脂溶性溶剂稍稍处理蜘蛛步足后，蜘蛛便会失去在蛛网上自在活动的能力。但这些实验不过是追认法布尔的实验结果，并没有突破性的进展来揭示答案。

　　为了进一步了解此一现象，最好再详细观察蜘蛛在蛛网上的行为。如园蛛之类编织圆网的蜘蛛，平常在网心部位休息并等待猎物。由于

圆网的基本构造

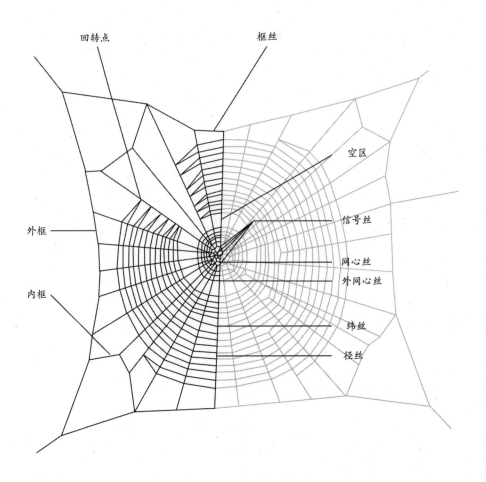

回转点

框丝

空区

信号丝

网心丝

外网心丝

纬丝

径丝

外框

内框

网心的蛛丝没有黏性，园蛛当然不会被蛛丝粘住；当蛛网上粘到一只猎物时，园蛛马上利用附近无黏性的径丝跑近猎物——这的确是蜘蛛不会被自己的蛛丝粘住的原因之一。但用显微镜观察，可以看到在径丝与纬丝的交叉处有粒状的黏液。园蛛的蛛网通常由三十至四十条纬丝组成，园蛛由网心走到蛛网边缘必须经过二十处以上有黏性的交叉点，再加上蜘蛛有八只步足，它在蛛网上走动时如何使八只步足完全不碰到有黏珠处？

于是我们做了这样的实验：将园蛛蛛网的部分径丝切断，然后在切断处靠近外围的地方粘上一只苍蝇。这样一来，园蛛刚开始还能在径丝上走动，但走到径丝被切断处，就只有踏上有黏珠的纬丝才能靠近猎物。实验发现，园蛛会在径丝的末端停下来，然后伸出前足把纬丝拉过来，这样很容易就抓住了猎物。经过这样简单的实验，我们至少知道两件事：一是蜘蛛也会碰到纬丝，二是它用前足拉动纬丝，而前足不会被纬丝粘住。

接下来，再用显微镜详细检查园蛛前足末端的构造。经检查得知，蜘蛛步足末端有一对栉齿状的大型爪，在其下侧有钩状的中爪，周围另有数根呈锯齿状的刚毛。已知栉齿状的大型爪通常用于拉出蛛丝，中爪则可以用来在蛛网上行走时钩在蛛丝上。但有关步足末端的这些爪、毛等构造物的功能，以及蜘蛛行走于横丝上时它们所扮演的角色，至今未有详细的报告。利用最新的摄影仪器及技术，或可进一步了解蜘蛛在蛛网上行走的行为，但这需要很昂贵的仪器设备，只能留给专家们去做。[1]

我们目前能够做的，就是把蜘蛛的一些步足切断，仔细观察它们

---

1 丝由中爪推到锯齿状刚毛上并被卡在这些刚毛的锯齿中。当蜘蛛移动时，中爪由肌肉控制提起，蛛丝通过弹性从爪中弹出。

在蛛网上行走时动作的改变。这虽然有点残忍，但却有助于了解真相。那么到底会有什么样的变化呢？详细情形在此暂时保密，有兴趣的人请参考第三部分"自己动手篇"。但毫无疑问，步足末端各部位的构造对蜘蛛行走蛛网的确起到重要作用。另外，为了从侧面了解这个问题，不妨把一只蜘蛛身体的侧面或背面粘在蛛网上，看它如何将腹部翻转向下，恢复正常的体位。或是把它粘在另一种蜘蛛的蛛网上，看看又会如何。由这些简单的实验，我们应该也可以找到一些线索来解答"蜘蛛为何不被蛛丝粘住"这个问题。

其实蜘蛛的步足末端不但对结网型蜘蛛有重要意义，对游猎型蜘蛛亦然。例如栉足蛛的步足末端具有黏性的毛丛，它猎捕时便是利用此黏毛让猎物无法逃走。因此若以刀片把这个地方的毛丛削掉，栉足蛛根本无法捕捉猎物，一跳到猎物身上就会立刻被猎物弹开。

第四章　捕猎与取食

主要食物和捕猎方法

除了极为特殊的状况，所有的蜘蛛应该都是肉食性的。不管是什么种类的动物，只要大小适合猎捕的，都是它们的食物。因此，蜘蛛的食谱中包括昆虫、蚯蚓、蜥蜴、青蛙等，它们甚至还有捕食雏鸟的记录。但就同一种蜘蛛而言，其食谱中的猎物种类其实相当有限，主要原因并不在于偏食，而是每一种蜘蛛自有适合其生活的环境，通常也只能在这种环境中猎捕大小适中的猎物。例如结网型蜘蛛，因蛛网构造本身限制了能够猎捕的昆虫种类，再加上蜘蛛结网和猎捕的时间及场所，可当食物的猎物种类更是有限。

通常我们以为蜘蛛只取食活生生的猎物，但是若把已死的猎物稍微动一下，蜘蛛还是会跳上去吃它。如果把一个小铁片挂在蛛网上，不断地震动它，蜘蛛也会以为是食物，而不明就里地把它捆绑起来。因为蜘蛛并不需要新鲜的食物，它只依振动来判断猎物的存在。因此，蜘蛛常取食自己吃剩的食物，也有取食猪肉、果肉、花粉等的记录。但无论如何，从原则上来说，大小适当的昆虫活体、小型动物才是它的主食。

至于猎捕的方法，每一种蜘蛛各有其猎捕的伎俩。如此说来，近五万种蜘蛛也应有近五万种的猎捕方法。不过，在此先分成两大类介绍。至于一些特殊的猎捕法，将在后面一些章节中介绍。

◆ 等候型猎捕

结网型蜘蛛普遍采用这种方法。它们平常停留在蛛网中央或网穴的深处，一收到猎物来临或被粘住的讯息，立刻跑上去捕捉。观察园蛛的蛛网，可以看到当一只小型金龟子粘在网上时，感觉到蛛网振动的园蛛会立刻接近金龟子，以前足捉住金龟子并将螯牙插入其胸部，注入毒液。不到两分钟的时间，金龟子动作逐渐迟钝，只有足还在微微抽动。接着，园蛛亮出螯牙，以第三对步足拉动金龟子，利用第二对步足剪断猎物附近所有的纬丝，只留下径丝，以减少蛛网的破损；之后一边吐丝一边利用四对步足，把金龟子紧紧地绑住；最后把猎物搬到住所，将金龟子头部朝上，用蛛丝吊在园蛛平常停留的蛛网中心的正下方，如此前半段的工作才算结束。之后园蛛还会不时拉上蛛丝，以触肢检查金龟子身体的各部位，最后才开始取食。那么，若是两只以上的猎物同时飞到蛛网上，或是时间相隔不久，园蛛究竟会如何处理？此时它通常先给第一个飞进来的猎物注射毒液，使之麻痹并以蛛丝捆住，然后前往第二只猎物处注射、捆绑，把第二只猎物搬到第一只猎物附近；若是又来一只猎物，那么还是与处理第二只猎物相同，经过注射、捆绑后，搬到第一只猎物附近。这就是一般的结网型蜘蛛运用注射毒液及捆绑的方式，使猎物无法逃走的紧急措施。

◆追踪型猎捕

　　这是不结网的游猎型蜘蛛经常采用的方法之一。它们多半利用视觉与嗅觉，甚至依靠地面传导的振动来感受猎物的位置，最后再接近猎物将其捕捉。尤其跳蛛类，这类蜘蛛的视觉系统较发达，能够正确判断猎物的方向与距离，找到猎物后便可以马上跳上去捕捉猎物。

　　而在屋内活动、以捕食蟑螂闻名的大型蜘蛛巨蟹蛛，多在有一定亮度的时段出现。由此推测，巨蟹蛛的单眼应有一定程度的视觉功能，但其他感觉系统在巨蟹蛛的猎捕行为中扮演什么角色，至今还不太清楚。巨蟹蛛的猎捕行为与上文所说的园蛛略为相似，它在捕食蟑螂时每当又出现一只，它会立刻放弃取食，转而扑向新出现的猎物。在蟑螂多的环境中，一只巨蟹蛛一晚捕捉的蟑螂，数量可高达十只。

因此无论是结网型还是游猎型蜘蛛，当它们同时遇到两只以上的猎物时，都会对猎物进行预处理，让猎物无法逃走，然后再去捕捉另一只猎物。因为对捕食性动物而言，猎物的出现通常可遇不可求，把握时机多捉些猎物当存货，才是最重要的事。

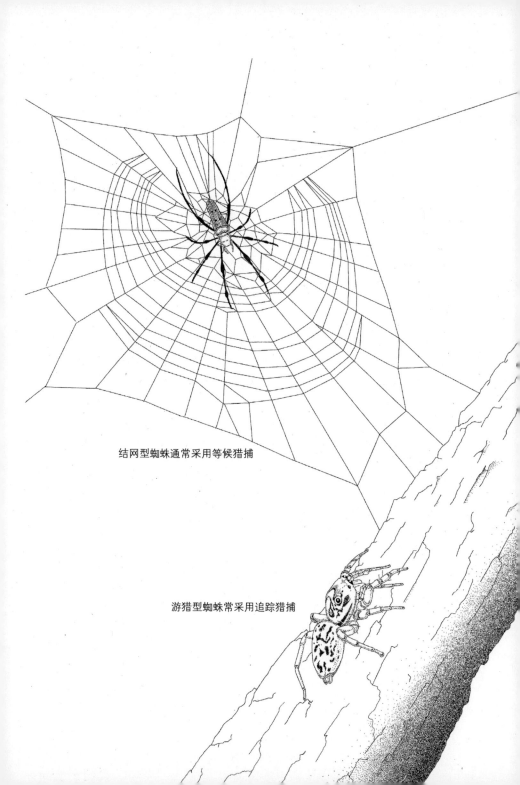

结网型蜘蛛通常采用等候猎捕

游猎型蜘蛛常采用追踪猎捕

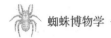

无奈的偏食

按食性来分类，蜘蛛可分为"广食性"和"狭食性"两大类。"狭食性"的代表是蟾蜍曲腹蛛（*Cyrtarachne bufo*）、蟾蜍菱腹蛛（*Pasilobus bufoninus*）这类蜘蛛，通常取食蛾类。"广食性"蜘蛛则凡是在蛛网上捉到的，或在地上看到的猎物，都能取食。广食性蜘蛛因活动、结网的场所或蛛网的特性，所能捉到的昆虫种类各不一样。例如，灰皿蛛的蛛丝细软又缺乏黏性，只能捉到飞翔能力较弱的昆虫；横纹金蛛（*Argiope bruennichi*）是在草原生活的结网型蜘蛛，它的蛛网相当坚固，但因结网场所较靠近地面，一半以上的猎物为蝗虫之类；相反，五纹园蛛（*Araneus pentagrammicus*）的蛛网虽然同样坚固，但结网的位置较高，所以蜜蜂之类成为最主要的猎物；皿蛛之类要扑到猎物身上去捕食，因此无法以蝴蝶、蛾等飞翔性昆虫为食。就游猎型蜘蛛来说，自身大小成为决定猎物种类的关键，用各种大小的蟋蟀做实验，可知大部分蜘蛛最喜欢相当于自己体长一半至三分之二的猎物。然而跳蛛、蟹蛛之类，却能够捉住比自己大两至三倍的猎物。

如此看来，蜘蛛的食物种类相当有限。但从平衡营养成分的观点来看，一直只取食一种猎物对蜘蛛并不是好现象。例如以水边、稻田为栖所的拟环纹豹蛛，虽然常取食黑尾叶蝉、飞虱等，但在实验室里，只以黑尾叶蝉为饲料时，拟环纹豹蛛却发育不佳，有时还要投喂一些蝇类才能改善它的发育状况。另一种分布在美国加利福尼亚州的狼蛛也证实了这种情形。以血清学的方法调查狼蛛胃里的内容物，结果发现该种狼蛛常捕食水际椿象、渚蝇及蚊之类，由此可以认为，狼蛛以

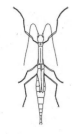  

狼蛛属于食性较广的蜘蛛

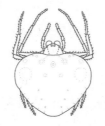

曲腹蛛属于食性较狭的蜘蛛

这种混食的方法，来维持身体所需的氨基酸成分的平衡。但蜘蛛究竟是出于这个目的而适当地混合多样食物，还是刚好在游猎中遇到有利于维持营养平衡的猎物呢？其实后一种可能性较大。因为狼蛛是埋伏性较强的蜘蛛，寻找、追踪特定种类猎物的可能性较小，它应该是以进入攻击范围的猎物为捕食对象，进而扩大食物种类以维持营养条件。

虽然蜘蛛以昆虫等小型动物为主食，但花粉也是一些蜘蛛食物中的一部分。如十字园蛛，由于若蛛的发育期多在有花粉、菌类孢子飘浮的春夏之际，因此蛛网常粘上这些漂浮物而黏性大大降低。如此一来就必须经常更换蛛网，但编织新网对若蛛来说是负担很重的工作。以二龄若蛛为例，更换一次蛛网后，蜘蛛体重就会减少一半，如果只以蛛网上捉到的昆虫为营养来源，根本无法存活。但十字园蛛在编织新网前会拆掉旧网并将其吃掉，由此可以联想，或许附着在网上的花粉、菌类孢子对蜘蛛有一些营养价值。

让十字园蛛的二龄及三龄若蛛织网，然后分为四组，第一组在网上附着菌类孢子，第二组附着海桐花的花粉，第三组附着蚜虫，第四组不附着任何东西。分别观察这四组，结果发现供给孢子的第一组与没有食物供给的第四组若蛛逐渐衰弱，两个星期后全部死亡。尤其第一组，受试的若蛛因衰弱而死亡的程度比断食组更严重。由此可知，菌类孢子是对十字园蛛的若蛛有害的物质。而供给花粉的第二组不但寿命为第一、四组的两倍，而且缩短了拆除旧网后编织新网的时间。如此看来，花粉对十字园蛛若蛛确实有营养价值。但只靠花粉，若蛛还是无法蜕皮发育到下一个龄期。看来投喂的花粉中还缺乏若蛛蜕皮过程中必要的某种营养成分，此时若再投喂一只蚜虫，即可让若蛛顺利蜕皮。

十字园蛛虽然会取食花粉，不过应该是在半被迫的状况下取食黏在蛛网上的花粉。分布于台湾地区的台湾粗脚蛛通常在海桐花的花朵旁结网，并主动取食花粉、花蜜，但它是否只靠花蜜、花粉就能顺利发育？在粗脚蛛（*Anelosimus* spp.）的食谱中，植物性食物到底占多大的比例？至今依然没有相关的研究。不过对于本土的蜘蛛种类，我们可以做进一步的调查。至今有关蜘蛛植食性的记录并不多，若能多观察栖息在花朵附近的蜘蛛的生活习性，或许会有这方面的新发现。

摄食量与耐饥性

在前面两个章节中说过，只要是能够猎取的猎物，蜘蛛会一律捉来当食物。看起来蜘蛛的食欲似乎很旺盛，那么它们平常的食量到底有多大？其实出乎意料地少，不过这个数值会因蜘蛛的种类及发育阶段而有很大的差异。

先以较为活泼的蜘蛛为例，在25℃的恒温下，让它捕食足够的黄果蝇，此时各龄期的蜘蛛平均每天的捕食数量如下：二龄若蛛0.35只，三龄若蛛0.5只，四龄若蛛1.07只，变为成蛛前的五龄若蛛1.7只。换句话说，二龄若蛛每三天捕食一只黄果蝇、三龄若蛛每两天取食一只即足以维持发育。而且值得注意的是，二龄若蛛摄食的近七成能量转化成生长的能量，即用于身体发育。

虽然如此，食物的利用率随蜘蛛的发育而降低，到五龄期竟降到约五成。又如体长约2.5毫米的小型蜘蛛黑尾皿蛛的成蛛，三天还吃不完一只黄果蝇，从二龄若蛛发育到成蛛的42天之内，只取食了14只黄果蝇。而15天只喂一只黄果蝇的皿蛛若蛛，约三个月后才变为成蛛，也就是说，它只取食6只黄果蝇就能完成若蛛期的发育而变为成蛛。它为何依靠如此少量的食物就可以完成发育？这当然和它特殊的消化方法——体外消化以及相应的生理功能有关。

以上是室内实验的结果，那么在野外的情形又如何呢？在调查野外的情形之前，还需要在室内准备一些基本的数据。例如先在室内饲养狼蛛，分别在饱食和断食的条件下，逐日测定受试狼蛛的头胸部及腹部的宽度。结果表明，饱食的狼蛛腹部的宽度大致为头胸部宽度的

进食量带来的身体大小上的变化（以狼蛛为例）

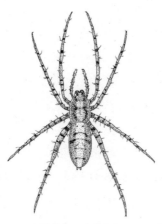

四天喂食一次的个体

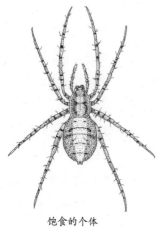

饱食的个体

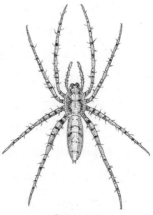

空腹的个体

1.5倍，而断食的狼蛛腹部扁扁的，宽度也比头胸部狭窄些。了解这些现象及数值后再到野外采集狼蛛，测定其头胸部与腹部的宽度比率，结果发现，野外大致有一半的狼蛛处于断食状态。换句话说，它们在野外大半是饿着肚子寻找食物的。而从另一个实验中得知，多数生活在野外的狼蛛，其头胸部和腹部的宽度比例，和每四天才取食一次的狼蛛相似。

那么它们为何都这样饿着肚子？最先想到的答案当然是在它们活动范围中没有足够的猎物。但采集过昆虫的人都知道，在野外，苍蝇、蚊子等可供蜘蛛猎食的小昆虫不少，猎物不够的可能性较小。那么是不是狼蛛寻找和捕捉猎物的技术有问题？其实观看一些自然类纪录片即可得知，就连狮子、猎豹等拥有强壮的身体和快速奔跑技能的捕猎高手，猎捕的成功率往往也不到20%。如此说来，捕猎还是属于困难度相当高的取食方式。另一个影响因子可能是气候。下雨天我们很少看到结网型蜘蛛猎食，而刮大风时蛛网很容易被吹坏，夏天太阳直晒时也少见蜘蛛猎食，可见蜘蛛能够捕猎的时间实在相当有限。换句话说，从野外蜘蛛的体宽比推测，它们多半处在吃不饱的状态；但另一方面，也甚少看到极度饥饿的蜘蛛。蜘蛛大致在不佳的营养条件下仍能存活，只是如此营养不良的情形，无疑地会减少它们的产卵数及孵化出来的幼蛛存活率，进而影响后代的繁衍。

那么蜘蛛到底能够忍受多长时间的断食？其实蜘蛛的耐饥性意外地强。例如拟环纹豹蛛的雌蛛，最长可以忍受断食110天，平均也能忍受76天；漏斗蛛雌蛛平均能忍受65天。但幼蛛、雄蛛的耐饥性比较差，刚从卵囊出现的漏斗蛛二龄幼蛛忍耐饥饿的时间为22天，之后随着龄期增长，再延长3至10天。正是因为拥有如此强的耐饥性，它们才有机会捕捉到猎物，延长寿命并完成发育。

既然蜘蛛拥有如此强的耐饥性，尤其是雌蛛，那么这样的耐饥性究竟从何而来？第一个原因在于蜘蛛的呼吸量极少，每当遇到饥饿状况时，更会降低呼吸量。例如拟环纹豹蛛、管巢蛛等，断食时呼吸量降低到平常的六成左右，随着饥饿的持续，它们还会减少活动量。如拟环纹豹蛛，经过30天断食，活动距离就缩短了一半，如此可节省13%的能量。总而言之，蜘蛛本来的呼吸量就不高，而断食时会进一步降低，再加上爬行量减少，更能降低体内的能量消耗。

虽然我们已经清楚以上的事实，但蜘蛛在野外陷入食物缺乏的境况时，行为上到底会有什么样的改变，至今几乎没有相关的资料，这也是我们可以着手研究的课题之一。

伪装是最佳的打猎策略

　　对昆虫有兴趣的人都知道，有些捕食性的昆虫会以伪装的方法等候或接近猎物。例如拟花螳螂可以伪装花朵躲藏在花朵旁，以捕食飞来吸蜜、采花粉的蜜蜂等，这些都是昆虫生存策略中常被提到的话题。

　　蟹蛛类的一些蜘蛛也会以伪装的方法捕猎昆虫。目前世界上已知的蟹蛛约有两千种，它们多为体长不到两厘米的中型蜘蛛，因具有像螃蟹般粗短的身体，再加上第一、二对步足明显比第三、四对长，步行时也似螃蟹般向斜前方或左右横行而得名。

　　有些蟹蛛在草丛、地面活动，也有多种蟹蛛埋伏在花朵上，等着昆虫猎物飞来。蟹蛛常有显眼的体色、斑纹，躲在花朵上便发挥了伪装保护色的效果。有些种类甚至具有长毛，更适合藏身在单子叶植物的花穗中。蟹蛛就在这些地方以第四对步足站稳，并展开前足等候猎物。蟹蛛虽然眼睛不太灵光，顶多能看到20厘米范围内的猎物的动静，但对草木、花朵的震动却很敏感，这样它就能不分日夜地捕捉猎物。它察觉猎物就在附近时，先是就地停住，只将身体转向猎物；直到猎物进入前足可以捉到的距离时，才立刻发动攻击，以前足夹住猎物。蟹蛛没有捆绑猎物用的蛛丝，因此扑到猎物身上后必须立即用螯牙深深插入猎物体内，注射毒液与消化液使其麻痹。蟹蛛的动作神速，可以捕猎如蜂、蝴蝶等身体比它大好几倍的昆虫，因而往往对在花上走动的小昆虫置之不理。但蟹蛛的螯牙没有挫齿，不能撕碎猎物，必须等消化液将猎物身体组织软化后，直接吸食其汁液，最后只留下猎物的外壳。

但蜘蛛的伪装技术不止于此。例如广泛分布在欧洲及亚洲的弓足梢蛛（*Misumena vatia*），与藏身的场所相应，它们的体色能产生从白色至浓黄色的大幅改变。由于野外有很多种白色至黄色的花，这种改变体色的功夫使它们不乏藏身之处。如果把一只弓足梢蛛放在与它体色不同的花上，它好像可以马上得知这朵花的颜色不合它的体色，随即离开去寻找与它体色相似的花。如果被迫停留在这朵花上，大约花上两天，它就能把体色变成和花相同的颜色。

蟹蛛类不仅能模拟花朵。属于蟹蛛类的瘤蟹蛛是广泛分布于东南亚的蜘蛛，黑色的身体搭配着一些白色的斑纹。瘤蟹蛛先在叶片上吐丝制作一块丝垫，然后坐在上面，看起来就像一小块鸟粪。由于鸟粪中含有不少盐分，蝴蝶、苍蝇为了吸食鸟粪中的盐分，很容易被吸引过来，这些被假鸟粪骗来的昆虫，就成了瘤蟹蛛的食物。瘤蟹蛛的这种策略不但有利于猎食，对保护自身也有很大的功效，因为鸟类是蜘蛛的最大天敌之一，而鸟类对自己的排泄物是绝对不会感兴趣的。

逍遥蛛是与蟹蛛有近缘关系的一群蜘蛛，它们与蟹蛛的最大不同是四对步足近似等长，所以逍遥蛛的活动性也比蟹蛛强，可说是追踪型的捕食者。但广泛分布于北半球的长逍遥蛛（*Tibellus* spp.）倒是个例外，它苗条的身体很适合藏身于细长的茅草叶片上，当它的身体与叶脉平行摆置并把步足向前后方伸展时，实在很难看出叶片上有一只蜘蛛。

有些蜘蛛不只是像蟹蛛那样以外表为伪装，园蛛科中的乳突蛛（*Mastophora* spp.）还会分泌一种类似性激素的物质。而性激素是雌性昆虫为了寻偶、交配而分泌的一种用来引诱雄虫的香味物质。被这种伪装成花瓣的蟹蛛，成功地猎捕了前来访花的纹白蝶。

虚假性激素引诱而来的雄虫，尤其是雄蛾，就成了乳突蛛的食物。因此乳突蛛的食物也只限于对它分泌的虚假性激素有反应的特定蛾类中的雄蛾，可说是一种典型的狭食性蜘蛛。发育初期的乳突蛛若蛛并没有分泌假性激素的功夫，只能以摇蚊等为食物，此后随着身体发育、长大，才开始分泌假性激素。而这种假性激素的成分也会随乳突蛛身体长大而改变，如此便能够顺利引诱到与其身体大小相应的雄蛾。

吐"口水"捕猎的高手——胸纹花皮蛛

结网等候或徘徊寻找猎物是蜘蛛捕猎的基本方法，此外还有一些特殊的例子，如撒网，利用附有虚假的蛾类性激素的蛛丝诱捕雄蛾，投掷黏珠粘捕昆虫，利用前足拍打水面引起水波从而诱捕小鱼等，猎食方法相当多样。其中尤为特殊的是胸纹花皮蛛靠吐"口水"来猎捕蝇类。

虽然胸纹花皮蛛吐出的不是真正的口水而是黏液，但因其行为很像吐口水，所以赢得"唾吐蛛"（spitting spider）之名。胸纹花皮蛛吐口水的习性，使其身体的前半部，即头胸部比较发达，尤其肚子饿时，看起来头胸部比腹部还要大。胸纹花皮蛛是在夜间活动且动作缓慢的蜘蛛，但是靠着它的"秘密武器"竟能捉到动作敏捷的苍蝇。所谓花皮蛛的秘密武器，就是藏在头胸部并占头胸部大部分空间的两对腺体。

当花皮蛛发现猎物时，它会依据猎物的震动，循着线索慢慢接近。当距离猎物仅一厘米左右时，便启动藏在头胸部后部的腺体，喷出黏性极强的一股黏液。猎物被黏液粘住后就动弹不得，此时花皮蛛再启动黏液腺前方的毒腺，分泌毒液使猎物麻痹，然后慢慢吃掉。由于花皮蛛吐口水的行为很迅捷，以肉眼甚难观察到细微过程，因此可以把花皮蛛和一只苍蝇放在玻璃管中观察。苍蝇会突然有如被点到穴道般停止一切动作，此时检查苍蝇的身体，可以发现它身上覆盖着一股黏黏的黏液。

其实花皮蛛吐"口水"不但能捕猎，也可作为自卫武器。当胸纹花皮蛛遇到球蛛时，球蛛会把腹端朝向花皮蛛，并用第四对步足从纺

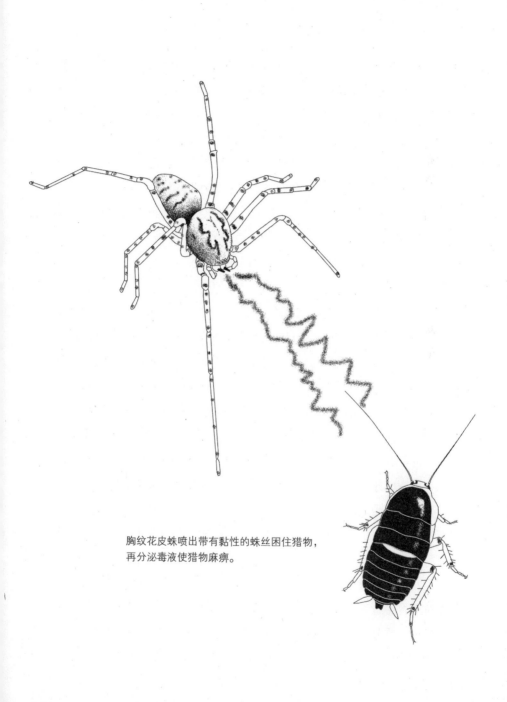

胸纹花皮蛛喷出带有黏性的蛛丝困住猎物，
再分泌毒液使猎物麻痹。

器拉出附有黏珠的蛛丝来准备捕捉花皮蛛。但是就在刹那间，花皮蛛略微抬头，球蛛的身体、步足都被花皮蛛的黏液缠住，于是花皮蛛就打了一场胜仗。这种攻防战在两只花皮蛛相遇时也会发生。

如果以慢动作来叙述胸纹花皮蛛喷射黏液的过程，大致如下：

1. 以第一对步足触摸对方的身体，确认对方的位置。

2. 抬起头，从螯牙喷出黏液，喷射距离常达蜘蛛体长的两三倍。

3. 刚喷出来的黏液虽呈液体状，但在空气中立刻变得黏稠，就像蛛网上的纬丝一样。

4. 蜘蛛可控制黏液喷出的次数与喷出量，少时只喷出数股黏液，多时可喷出二十束。

口吐黏液是花皮蛛属蜘蛛的专利，因此它们头胸部的构造和其他蜘蛛略有不同。大多数蜘蛛只具有麻痹猎物用的毒腺，但花皮蛛的腺体分前后两个部分，前半部分生产毒液，后半部分合成糊状的黏液。花皮蛛捕猎时迅速收缩腺体周围的肌肉，毒液与黏液同时喷出，以含毒的黏液困住猎物后，再用螯牙注入含有消化酶的毒液，分解猎物身体，进行"体外消化"。因此蜘蛛摄取的是已经消化过的高营养物质，正如前面章节中所介绍的，蜘蛛的耐饥性较强也缘于"体外消化"的摄食方式。

至今已知约有二百五十种以吐"口水"的行为捕猎的蜘蛛，它们多分布于热带地区。但这里谈到的胸纹花皮蛛却栖息于全世界，包括南、北极在内，中国台湾也在其分布范围内。胸纹花皮蛛是体长不到一厘米的小型蜘蛛，由于它多栖息在老旧房屋内及其附近，且白天多躲藏在门窗附近的细隙里，到了晚上才在墙壁、天花板上活动，所以相对不容易看到。胸纹花皮蛛有三年的寿命，在蜘蛛中算是较长寿的，而且可忍受好几个月的饥饿——虽然它的腹部常常变得又扁又小。如果能够捉到它，不妨饲养一段时间，好好观察它有趣的捕猎行为。

社会性的蜘蛛

　　由于蜘蛛是纯捕食性的动物，除了刚从卵囊出现的若蛛与交配期的成蛛，极少看到两只以上的蜘蛛聚在一起。蜘蛛以"独行侠"的方式行动，由此构成了它们多姿多样的生活形态。但在蜘蛛的世界里也有一些例外，它们群居形成大集团，过着和平共存的社会性生活。在近五万种蜘蛛中，已知有三十种蜘蛛具有社会性。

　　例如分布在西非的集社漏斗蛛（*Agelena consociata*[1]），它们在原始林的草丛中形成直径长达3米的巨大棚网，棚网中有上千只漏斗蛛群聚在一起，共同从事结网、捕猎的工作，因此往往能够捕猎到单独一只蜘蛛无法捕捉的大型猎物。在一个共营的棚网中，也能发现刚从卵囊出现的若蛛、成蛛，以及各种生长期的蜘蛛。它们多在雨季结束后的十一月至来年的一月间产卵，此时在棚网的最深处常发现上百个卵囊，刚从卵囊出现的若蛛暂时群居在棚网的最深处，靠取食成蛛提供的食物长大。它们的捕食行为非常井然有序，若粘到的是较小的猎物，只会出现一两只雌蛛来处理它；猎物愈大，挣扎得愈用力，棚网的振动较大，就会召集更多的雌蛛来帮忙处理——有时它们可猎食体重在它们一千倍以上的大型蝗虫。

　　分布在中美的卷叶蛛中也有一种社会性蜘蛛。这种体长仅五毫米的小型蜘蛛，利用刺槐等树枝形成达一立方米的巨大袋状立体巢网，上万只卷叶蛛共同生活在里面。由于巢网很致密，且外面具有黏性，制造一个这样的网巢需要大量的蛛丝。如果不是营社会性生活，这种巢网是难

---

1 拉丁名意思是"社会性的漏斗蜘蛛"。

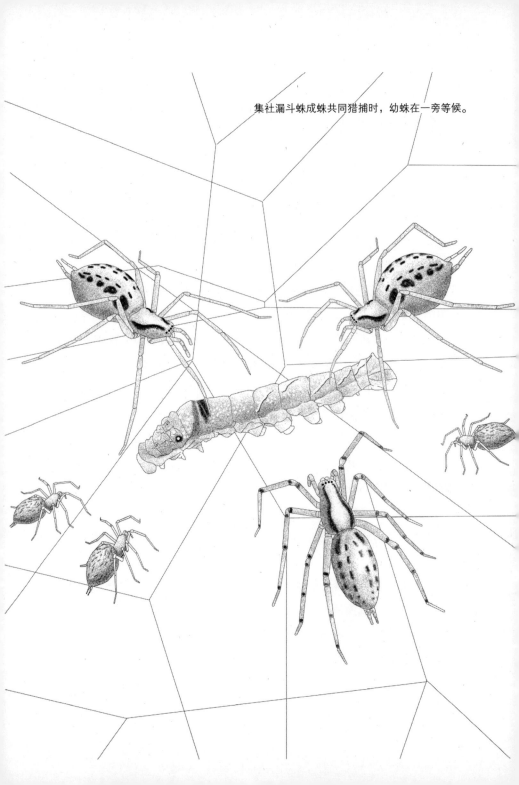

集社漏斗蛛成蛛共同猎捕时，幼蛛在一旁等候。

以完成的。在中美地区一到雨季苍蝇就会大爆发，当地原住民很早就知道采集这种巢网挂在门边和窗口，可以有效防止苍蝇飞进房间。

谈到社会性蜘蛛，分布在南美北部的一种粗腿蛛属蜘蛛（*Anelosimus eximius*）是不可不介绍的。它们数百甚至数千只在一起，在丛林里共同营造高达数米的巨大的吊床形蛛网。当猎物粘在蛛网上时，多只雌成蛛马上蜂拥而来共同处理并取食，不久若蛛也会出来取食猎物的小碎片。到了产卵期，雌蛛各自产卵并制作球形的卵囊，把卵囊吊在巢网里的枯叶下方。此时其他未产卵的和未成熟的雌蛛都会参与照顾卵囊。不但如此，对若蛛也不管是否自己的骨肉，都共同照顾、喂养。它们的巨型巢网最初多由一只已交配的雌蛛开创，此后一些自己无法经营巢网的雌蛛会陆续加入巢网中一起生活。它们彼此间多少有点血缘关系，这样才能够维持如此完整的社会生活。最近的研究发现，它们为了维持这样的社会性行为，还会分泌一种群落激素。

分布在日本的环眼湿地蛛[1]，不会经营上面所说的那种高度社会化的生活，不过雌蛛五月下旬在卵囊中产下二十至三十粒卵，经过约一个月后从卵囊中出现的若蛛，会一直停留在母蛛的巢网中，取食母蛛捉来的猎物。就这样，若蛛一直与母蛛生活到秋天，其间母蛛还会产卵数次，但此后的卵都将被第一批若蛛取食，几乎完全不能孵化。那么母蛛为何还要产下第二批以及以后的卵呢？是否只是为了喂养第一批若蛛？但如果把这些卵囊与第一批若蛛隔离，卵囊中的卵也可以顺利发育。看来，在社会性蜘蛛的生活中，还隐藏着许多我们无法了解的秘密。

据笔者所知，在中国台湾尚未发现这种共同生活的社会性蜘蛛。若是进一步调查蜘蛛的生态习性，可能可以发现类似的现象。在我们对蜘蛛的观察中，这又是一个好题材。

---

1 原文未标注拉丁名，不清楚是哪种蜘蛛。

吃卵的蜘蛛

　　雌蛛为了让自己的卵顺利发育，会先制作好卵囊，然后把卵产在卵囊中好好保护。孵化的幼蛛暂时停留在卵囊内，经过一至二次蜕皮后才咬破卵囊。于是一群若蛛同时出现，经过短暂的群聚期，再各自吐丝乘风飘浮，分散开去，开始自己的生活，这是我们熟悉的蜘蛛生活史中前面的阶段。但蜘蛛本来捕食性与相互残杀性甚强，它们在生命之初还可以和平共存，或许是因为刚从卵囊出现的若蛛口器还十分软弱，没有互相残杀的能力；又或许在幼蛛体内尚留有卵期的营养，不需要互相残杀。不过还是有部分蜘蛛自孵化的那一刻起，就展开了激烈的生存竞争。

　　剖开已出现幼蛛的温室拟肥腹蛛（*Parasteatoda tepidariorum*）卵囊观察，不难发现其中有两种卵壳，一种呈细长扭弯状，另一种像漏气的橡皮球般。前者无疑是幼蛛孵化后的卵壳，而后者却是被同一个卵囊里的幼蛛取食后的残骸。虽然如此，卵被取食的比例并不高，通常不到一成。像这样被同伴取食的卵，在艾蛛（*Cyclosa* spp.）、嗜水新园蛛（*Neoscona nautica*）、青新园蛛（*Neoscona scylla*）的卵囊中也可发现。

　　卵是营养价值极高的东西，对幼蛛的发育极有帮助。由于刚孵化的幼蛛螯肢还很软弱，无法自己取食，需经过一次蜕皮才能进食。假如所有卵的发育速度相同，当孵化的幼蛛已蜕皮时，还未孵化的卵就应该是不能发育的未受精卵。幼蛛的食卵行为在巨蟹蛛、园蛛以及前一个章节中介绍的环眼湿地蛛中均有记录，如此看来幼蛛或若蛛的食

自然孵化后的卵壳

被取食之后的卵壳

幼蛛也有食卵的习性

卵性是相当普遍的。

为了探讨这个问题，我们稍微了解一下蜘蛛产卵的变化趋势。在一生中产卵多次的蜘蛛，通常愈到后期，卵囊中卵的数量愈少，受精卵的比例也会降低。由此推测，在首次形成的卵囊中未受精卵所占的比例很低，应该也不会有食卵性的幼蛛产生，而且此时卵囊内的幼蛛数量虽较多，幼蛛体形却较小。但愈到后期，卵囊中的未受精卵愈多，食卵的幼蛛比例也随之升高，不过后期的幼蛛数量虽少，却可发育成较大的幼蛛。换句话说，雌蛛在它的成蛛初期是采用"小仔多产"的策略，至后期则改为"大仔少产"。

这虽然不过是一种推测，却也有一些旁证。从对两种隅蛛（ *Tegenaria* spp. ）的调查来看，一种隅蛛的食卵性幼蛛占比只有4.2%，但另一种竟高达97.5%，而这通常也表示两种隅蛛在未受精卵所占的比例上有很大的差异。原来第一种隅蛛分布于亚热带的墨西哥，幼蛛无论何时从卵囊出现，都能够找到食物，存活的概率也比较高。但第二种分布于法国的隅蛛，由于产卵期为秋天，幼蛛至冬天才从卵囊出现。在如此缺乏食物的时期，必须采取"大仔少产"的策略，后代才有生机，而且雌蛛在卵囊中预先为孵化的幼蛛准备了食物——未受精卵。不过也有一些蜘蛛，例如环眼湿地蛛的幼蛛孵化出来后则靠取食母亲后来产下的受精卵而长大，或许它们也曾考虑到若蛛以后的生活条件，因而演化出这样的食卵性吧！

蜘蛛是习于自相残杀的肉食性动物，但另一方面却又发展出集中产卵的习性，为何如此自相矛盾，至今还未有明确的解释。但若单就食卵的习性深入探讨，或许多多少少可找到一些答案。

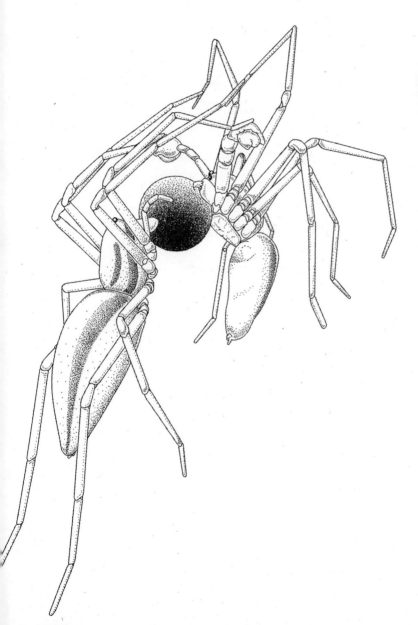

第五章 蜘蛛的两性关系

繁殖期的准备

　　若蛛期的蜘蛛几乎无法辨别雌雄。例如园蛛类，若蛛期的雌蛛及雄蛛各有六种或五种丝腺，雄若蛛也可编织与雌蛛几乎完全相同的网，因此雌、雄若蛛不但从身体外表甚难辨别，也不易从网型分辨。但经过最后一次蜕皮进入成蛛阶段时，身体的构造就会出现明显的差异。雄蛛触肢末端的跗节膨大形成所谓的"触肢器"，而雌蛛仍维持原来的细长状跗节，因此成蛛可依据触肢末端膨大与否来辨识性别。雌、雄蛛的另一个差异是雌蛛腹部的腹面基部出现交配用的"外雌器"构造。

雄蛛与雌蛛的外形比较

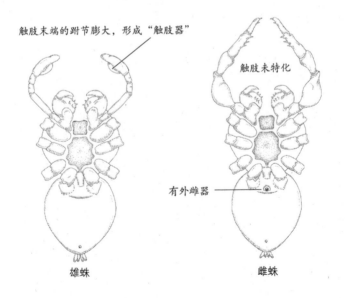

触肢末端的跗节膨大，形成"触肢器"

触肢未特化

有外雌器

雄蛛　　　　　　　雌蛛

此外，成蛛在体形上会出现较明显的变化。尤其是雄蛛，其腹部趋小，但步足却更发达，如此更适合雄蛛在寻找雌蛛的过程中到处徘徊。园蛛、斑络新妇等的雌雄成蛛在体形大小上也出现很大的差异，斑络新妇的雌蛛体长可达35至50毫米，而雄蛛体长只有7至10毫米。进入成蛛期的雌蛛为了补充产卵用的营养，必须继续结网捕食，因此腹部的吐丝腺仍旧存在，加上生殖器内卵的发育，腹部更为膨大，这正是雌、雄成蛛的体长有明显差异的主要原因。

有些种类的跳蛛雄蛛具有鲜艳的体色，还有些种类则是第一对步足和螯肢特别发达。由于跳蛛是视觉较为发达的蜘蛛，如此鲜艳的体色加上特别发达的步足等，对雄蛛表现求偶姿势帮助很大。虽然我们肉眼看不出来，但事实上丝腺的变化更大。如前述园蛛类的雄蛛，在若蛛期具有五种丝腺，到了成蛛期有两种丝腺（在制造圆网时能吐出有黏性的纬丝）会退化，而只剩下三种小型的丝腺。所以雄蛛最后一次蜕皮变为成蛛后，就失去了形成圆网的能力。相反地，雌蛛本来只有一种呈细管状的丝腺——管状腺，到了成蛛期管状腺随卵巢的发育急速发达而变粗；由于雌蛛产卵时要用管状腺来形成蛛丝制造卵囊，这种变化是理所当然的。

进入成蛛期的雄蛛，利用还存在的丝腺形成与身体大小大致相当的精网，由于精网通常不到一平方厘米，因此较难发现。但若稍微注意一下窗框的角落、树枝的分权处，就可以发现各种蜘蛛的精网。做完精网后，雄蛛会在精网上滴一滴精液，然后略微移动身体，把精液吸进触肢末端膨大的触肢器中。在触肢器中，精子的受精能力可以维持一段时间。当雄蛛把自己的精液收纳于触肢器后，就完成了一切准备，此后它为了寻找交配的对象，就要开始旅行。

蜘蛛并不像昆虫那样由雌、雄虫的腹端互相接合而进行交配，以更学术的语言来说，昆虫交配是雌、雄双方的生殖器直接结合，而蜘蛛交配是雄蛛将生殖辅助器官触肢器与雌蛛的外雌器接触而进行交配，有点类似蜻蜓交配。这在整个动物界也是极少见的交配方式。

　　蜘蛛经过最后一次蜕皮已完成交配、繁殖之准备，因此成蛛通常不再蜕皮。但少数捕鸟蛛类雌性成熟后每年还会蜕皮一两次，它们就是这样一边产卵一边蜕皮。其实和蜘蛛同属节肢动物的螃蟹，有不少种类进入生殖期能产卵时，还是每年蜕皮长大。

雄蛛的寻偶过程

　　为了寻偶而踏上旅程的雄蛛究竟如何找到雌蛛？在广阔的野外要找到同种的雌蛛，看起来是十分困难的事。但如果注意观察一下雌蛛编织的蛛网，不难发现网上有比雌蛛个子小得多的雄蛛。由此看来，雄蛛在寻偶上必有一些秘诀。

　　寻偶的过程会因蜘蛛的生活方式而有所不同，以下便依照蜘蛛的生活方式分成三大类，略微介绍一下雄蛛寻偶的过程。

　　结网型蜘蛛：结网型蜘蛛的视觉一般不太发达，雄蛛只能靠自己吐丝的功夫，好像人猿泰山似的从一棵树移动到另一棵树。雄蛛的行动范围相当广，加上雌蛛似乎会分泌一种引诱雄蛛的激素，所以雄蛛比较容易找到雌蛛的所在地。但此种高效率的寻偶过程会引起附带的麻烦。尤其是斑络新妇，在一个雌蛛的蛛网上往往同时有数只雄蛛在伺机夺取交配的机会，并因此展开一场生死大战。此时不管到场的先后顺序，体形较大的雄蛛将会赶走体形小的，并得到交配的机会。但当身体大小相差不大时，就会有一场激烈的斗争。或许因为这个缘故，在斑络新妇中很少看到四对足完整无缺的大型雄蛛。虽然至今还未证实所有的小型雄蛛在斗争中都会被大型雄蛛打败，但无论如何，展开生死战后体形较大者还是会占上风。而小型雄蛛也另有因应之道，它发育较快，趁大型雄蛛还未进入成蛛期，它已先完成交配准备，抢先一步到达雌蛛的蛛网而顺利交配。

　　地栖型蜘蛛：如盘腹蛛、地蛛之类，雌、雄蛛都在土中结网生活，但进入生殖期的雄蛛会离开自己的居所去寻找雌蛛。所以到了求偶期，

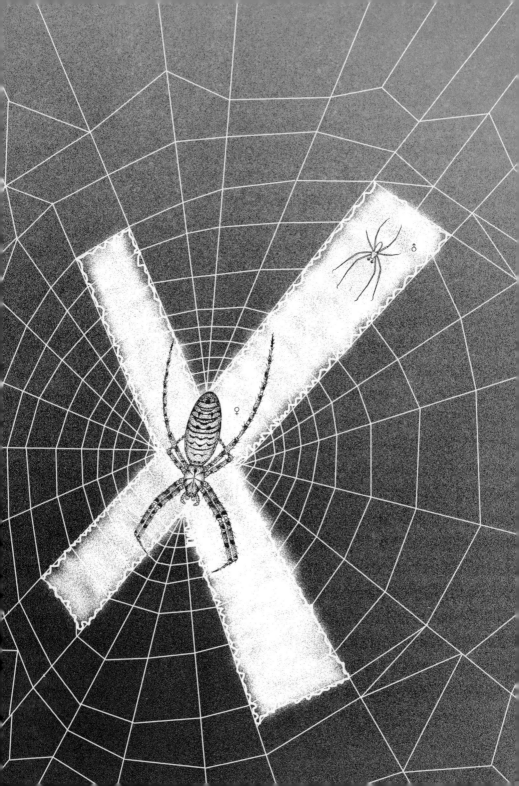

我们比较容易看到地栖型的雄蛛到处徘徊。雌蛛的居所中也常发现与它同居的雄蛛，但这些雄蛛是否被雌蛛分泌的激素引诱而来仍然不十分确定。只是盘腹蛛类的雌蛛有夜间出去捕猎的习性，此时雌蛛拉着拖丝而走，拖丝上的某种气味很可能成为雄蛛寻找雌蛛的线索。雄蛛找到雌蛛的居所时，会以触肢、前足轻打巢网或门口，若雌蛛有意，就会将门打开并让雄蛛咬破巢网进入。

　　游猎型蜘蛛：这类蜘蛛的视觉较发达，雄蛛徘徊时以眼睛寻找交配对象，这种情况在跳蛛类中尤为明显。但寻偶时化学引诱物质的作用也相当重要，例如一些狼蛛的雄蛛在徘徊中遇到雌蛛的拖丝时，会改变原来的步法，开始在附近寻找雌蛛，但此时如果发现所遇到的为其他种类的蜘蛛的拖丝，雄蛛就会马上停止寻找雌蛛的行为。如果先让一只狼蛛的雌蛛在一片滤纸上爬行，留下足迹和气味，然后把滤纸放在狼蛛雄蛛活动的草原，就可引诱雄蛛。由此即知雌蛛爬行时吐出的拖丝上，沾有一种唤起雄蛛注意的化学物质。其实拖丝上的化学成分不但能引诱雄蛛，还会引起雄蛛进一步的求偶行为。然而，促使雄蛛兴奋的化学成分到底是什么，至今未详，只知是水溶性的物质，因此被水冲洗过的拖丝是无法再引诱雄蛛的。

　　拖丝的引诱作用一旦遇到雨水、露水就会消失无踪，但这种遇水而失效的特性，对狼蛛的寻偶行为也很重要。想想看，如果拖丝上的引诱效果能够持续好几天，雄蛛一旦遇到雌蛛先前留下的拖丝，就会产生热烈的寻偶行为，持续在附近寻找雌蛛，而此时雌蛛早已不知芳踪何处了。如此一来，雄蛛会浪费太多的体力和时间，而对雌蛛而言，成功交配的机会也会明显减少。

左图：横纹金蛛的雌蛛与雄蛛

雄蛛的求偶

雄蛛找到雌蛛，在与它交配前，还要花些工夫。由于雄蛛通常比雌蛛小，加上雌蛛为了肚子里卵的发育需要更多的营养——食物，因此雄蛛不能轻易与雌蛛接触，否则此时雌蛛往往会将在身边活动的雄蛛看成食物而吃掉它。因此雄蛛得想办法及时向雌蛛表明身份，并让雌蛛弄清楚它的来意。在这种处境下，雄蛛会展开一连串的求偶行为，以唤起雌蛛交配的意愿。

雄蛛的求偶行为以及向雌蛛发出的讯息，当然因种类而异。例如斑络新妇，雄蛛体形比雌蛛小得多，发育也较快。当雌蛛尚未达成熟期时，一些雄蛛早已完成最后一次蜕皮，进入成熟期，并出现在雌蛛的蛛网旁，在此静静等候雌蛛最后一次蜕皮，并在雌蛛刚完成蜕皮而尚未恢复正常活动时，趁机接近交配。因此，斑络新妇的交配过程中，雄蛛并没有特殊的求偶行为。但园蛛、皿蛛、球蛛、漏斗蛛等大多数种类的雄蛛，则必须接近已完全成熟的雌蛛与它交配，因此求偶行为就变得格外重要。

结网型蜘蛛的雄蛛，其求偶行为大致有一定的过程。首先，雄蛛在雌蛛的蛛网角落，以前足轻弹蛛网数下，此动作往往反复多次，甚至持续三四天之久。接到此讯息的雌蛛起初以为是敌害接近，遂提高警戒，但随后雌蛛终于发现其弹法与敌害不同，便也以弹蛛网的方法回应雄蛛。此时雄蛛以触肢或腹端轻打蛛丝，蛛丝振动的频率因蜘蛛种类而异。雄蛛就是如此耐性十足，以不同频率的振波让雌蛛正确接收到同种雄蛛的信号，之后才敢放心地接近雌蛛。若是不等候雌蛛响

跳蛛的求偶舞姿

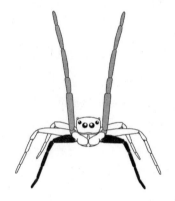

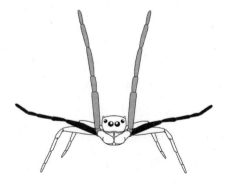

应就鲁莽接近，必定会遭受雌蛛猛烈且致命的攻击。如此利用蛛丝通知雌蛛求偶的方式，通常叫"蛛丝递信型"，有点像我们先轻轻敲门，有了回应才能进去的礼貌行为。

如前面章节中所述，有些游猎型蜘蛛的雌蛛，会拉着引诱雄蛛的拖丝徘徊。但也有不少种类的跳蛛雌蛛并不会拉出"诱雄拖丝"。当雄蛛碰到雌蛛时，雄蛛以特殊的姿势、行为来博取雌蛛的欢心。这样的行为也因跳蛛的种类而有所不同，有些跳蛛用后脚站起来跳舞，或向左右摇摆身体，甚至还有上下摆动前足等多种方式，这类行为我们叫"跳舞求偶"。原本我们认为雄蛛的这些行为只是为了求得雌蛛的芳心，但后来的研究发现，雄蛛心情亢奋时本来就会手舞足蹈。不过这样的激情确实会增强雌蛛接受雄蛛的意愿。

不仅是跳蛛，狼蛛的雄蛛遇到雌蛛时，也会用前足拍打地面，类似人们打鼓的动作，这也是"跳舞求偶"的一种。而巨蟹蛛只会略微抬高身体前半部，上下摆动前足，没有明显的舞姿。不过只要雌蛛不离开，雄蛛便会很有耐心地在雌蛛周围跳上好几个小时。棘腹蛛、艾蛛的雄蛛既谨慎又没胆量，它们绝对不会进入雌蛛的蛛网中，而是先拉一条求偶用的蛛丝，将一端结在雌蜘蛛网的径丝上，然后再轻拉这条求偶用的蛛丝，用"送秋波"的方式把雌蛛叫到自己身旁，并小心地避免遭雌蛛攻击而枉送性命。

不过并不是所有的雄蛛都必须采取低姿态才能够交配。当漏斗蛛的雄蛛碰触雌蛛的前足时，雌蛛就好像被点到穴道般陷入昏迷状态，然后雄蛛可以放心地与雌蛛交配，这种可算是"催眠式"交配。另外有一部分蟹蛛用蛛丝把雌蛛绑起来后交配，而雌蛛毫无反应地任由雄蛛摆布，看来雄蛛在捆绑雌蛛时还打了一些麻醉药。然而像盘腹蛛、捕鸟蛛等较原始的蜘蛛，交配前几乎没有复杂的求偶行为，它们多半依靠嗅觉找到异性后就互相接触身体，然后开始交配。

　　总之，蜘蛛婚前的仪式相当多样，但还有一种更精彩的求偶行为，且留在下一个章节中介绍。

另一种求偶行为——送礼求婚

男士们为了讨好小姐常送些礼物，这种行为在动物中其实也颇常见。一般认为智力较低的昆虫如舞蝇、拟大蚊、蝎蛉等的雄虫，也会给雌虫送礼，这是略微了解昆虫学的人都知道的现象。

其实在蜘蛛中也有采取此种方法求偶的。例如分布在欧洲的一种盗蛛，就以送礼求婚而闻名。雄蛛先捕捉一只蝇类，用蛛丝捆扎打包，再用螯牙咬住礼物，接近雌蛛。雄蛛碰到雌蛛前足后，会先轻拍几下，再一边向前一边递出礼物。接着雄蛛向侧面倒下，趁机潜进雌蛛的腹部下方。

但奇怪的是，雄蛛仿佛先前就已经知道雌蛛的存在，只要有雌蛛在附近，将猎物打包的工作就进行得特别快。据实验室观察，没有雌蛛时，雄蛛会自己吃掉那只苍蝇，但若在饲养箱中放一只成熟的雌蛛，雄蛛就不肯自己吃，而把苍蝇当礼物送给雌蛛。当雌蛛接受礼物并取食时，雄蛛就趁机潜入雌蛛腹部下面，将触肢器插入雌蛛外雌器进行交配。雌蛛取食的时间愈长，雄蛛愈能放心地长时间交配。

由于雌蛛根本不理会不带礼物的雄蛛，进入成熟期的雄蛛只好卖力地捕猎，以完成送礼求婚仪式。盗蛛的雌蛛一生中可以交配数次，每次交配时都可得到礼物，因此不必常出外打猎，也能够吃饱。

分布于日本的另一种盗蛛也有类似的行为。这种盗蛛的雌、雄蛛身体大小大致相同，而且雄蛛常在雌蛛的网附近栖息并编织自己的网，虽然平常互不往来，但一到交配期，雄蛛就会带着礼物到雌蛛的网上以期完成交配。

那么雄蛛为何要牺牲自己的食欲，把食物当礼物？起初我们都猜想这是雄蛛避免交配时遭受雌蛛猛烈攻击的一种保命策略，但这种想法似乎需要极大的修正。因为在实际的状况下，雌蛛取食雄蛛的概率，至少就上文提到的原产自日本的那种盗蛛而言，并不像我们想象中那么高。例如在室内观察到的例子中，三十次中也只有三次发生互相残杀，而其中一次竟是雌蛛被吃掉，另外两次也是抢夺食物引起的。换句话说，雌、雄蛛交配后即使让它们同居，也极少互相残杀。反而是食物比较容易引起雌、雄蛛的互相残杀。

事实上盗蛛雄蛛的送礼行为，可能与其野外的生活史有关。这种盗蛛的雌蛛产卵后将卵囊咬在嘴里加以保护，之后再帮助幼蛛咬破卵囊，而且还会制作育幼用的蛛网，一直到若蛛分散之前都会保护若蛛。但美国的一次调查数据显示，在野外能够存活到若蛛分散期的雌蛛不到百分之八，由此可见雌蛛在野外的死亡率很高。这主要和雌蛛的繁殖时期有关。一般而言，在六月间形成卵囊的雌蛛可以照顾若蛛直到它们分散为止，但到了七月才产卵的雌蛛，死亡率就很高。加上七月

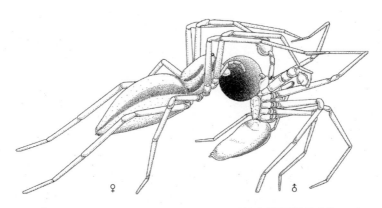

盗蛛的雄蛛送礼给雌蛛

正好是蜘蛛卵寄生蜂的活动时期，此时大约有一半的卵囊会遭受寄生蜂的寄生。雌蛛为了顺利养育后代，必须尽量加速发育以提早产卵。为了达到此目的，就需要更多的食物。如第六章"亲子关系"中有关产卵的章节所述，雌蛛交配后它肚子里的卵细胞才开始发育，因此从交配到产卵就有一段时间间隔。雄蛛带来的礼物能加速雌蛛体内卵细胞的发育，从雄蛛的立场来看，通过这样的方式让自己的子代留下来，是相当值得的做法。

过去认为螳螂交配时，雄螳螂为了完成交配，会主动把自己献给雌螳螂。虽然这种说法现在已经完全被否定，但在交配的过程中，雌蛛取食雄蛛的行为确实存在。在室内观察中，好胜金蛛（*Argiope aemula*）的雄蛛被雌蛛取食的概率竟高达百分之九十。但遭到取食的雄蛛多为第二次交配或年老的雄蛛，如此看来体力较差、反应迟缓的雄蛛比较容易成为雌蛛的食物；或许也因为雄蛛知道大限将至，为了最后一批子代，甘愿把自己当作交配的礼物奉献给雌蛛也说不定。

交配

　　雄蛛经过了漫长的过程，也下了不少功夫，终于和雌蛛交配。如前面所述，蜘蛛交配并不是雌、雄蛛彼此接触腹端进行，而是雄蛛将触肢末节的触肢器插入雌蛛腹部腹面基部的生殖器口——外雌器，然后把触肢器里的精球（精液）注入雌蛛体内。雄蛛的左右触肢末端都有触肢器，但绝大多数种类的雌蛛的生殖器却有三个开口，其中两个为交配用，另一个则用来产卵。于是雄蛛把左右触肢交互或同时插入雌蛛的交媾口，并将此动作反复几次，因此整个交配的过程相当花时间，例如巨蟹蛛竟有三个多小时的交配记录。

　　蜘蛛交配的姿势因种类而不同。巨蟹蛛是雄蛛面对雌蛛，直接爬到雌蛛的背上，因此雄蛛以头向着雌蛛腹端的方式交配；但有些蜘蛛的雄蛛是从后面爬到雌蛛背上，雌、雄蛛的头当然就朝向同一个方向；

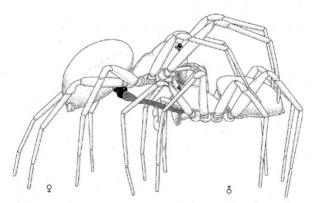

交配时，雄蛛将触肢末节插入雌蛛腹面基部的外雌器，把触肢器里的精球注入雌蛛体内。

也有雄蛛会潜进雌蛛体下，互相接触腹面而交接。因此，有些种类的雌、雄蛛会朝向同一个方向，有些则朝向完全不同的方向。

雌、雄蛛完成这项大工程，主要就是为了留下自己的后代。虽然雌蛛还要继续产卵、保护卵囊，甚至育幼等一连串工作，但雄蛛暂时已大功告成。或许就因为这样——虽然不是经常发生——雄蛛交配后还是可能会被雌蛛捕食。狼蛛、跳蛛、巨蟹蛛等游猎型蜘蛛极少发生雄蛛交配后送命的情形，因为巨蟹蛛雄蛛结束交配后，会马上离开雌蛛，不让雌蛛有捕食它的机会。

但有时也会发生这样的情形：当巨蟹蛛雄蛛离开雌蛛后想要再次接近时，雌蛛会以激烈的态度抗拒，并赶走雄蛛，所以雌蛛很少与同一只雄蛛重复交配。相反，雌蛛通常愿意与不同的雄蛛多次交配，尤其在交配结束隔一段时间后，这种意愿更为明显。因为对雌蛛而言，与不同雄蛛交配，可得到不同的遗传基因，后代就能具备多样的特性；那么不管生活环境如何变化，总有一些后代可以存活，这样就能确保自己的子代繁衍下去。另一个可能的理由是，交配时雌蛛从雄蛛那里接收到的不只是精子，精球里还含有一些营养物质，这些营养物质可以帮助雌蛛体内卵细胞的发育，因此必要时雌蛛还会自发地与多只雄蛛交配。

到了秋天，长得肥肥胖胖的斑络新妇雌蛛即使已完成交配，在它的蛛网附近仍然经常能看到许多雄蛛。这些雄蛛已经完成最后一次蜕皮，同时也没有造网能力，所以它们只能屈居于雌蛛圆网的角落，捡雌蛛吃剩的食物过活。不过这些雄蛛是雌蛛完成多次交配不可或缺的预备军，因此雌蛛不仅不会取食这些雄蛛，反而养活它们。

大多数种类的雌蛛交配时体内的卵还很小，不适于受精。于是雌蛛先将交配所获得的精球暂时贮藏在贮精囊中，然后再费力地捕食，以促进体内卵的成熟。这应该就是雌蛛愿意接受额外交配，或是接受雄蛛赠礼的主因。从交配到产卵，时间间隔的长短因蜘蛛种类而有很大的差异，斑络新妇通常要二至三个月的准备时间，夏天交配的巨蟹蛛甚至有经过一年才产卵的例子。随着体内卵细胞的成熟，形成卵囊用的丝腺也变得很发达，接下来雌蛛将要进入繁殖的另一个重要阶段——产卵。

第六章　亲子关系

卵囊的制作与功能

母蛛接近产卵期时，为了保护卵，通常要先制作包装卵粒用的卵囊。这是所有蜘蛛的共同特性，一般认为蜘蛛造网、捕猎用的蛛丝，都是由制作卵囊用的蛛丝演变而来的。卵囊的制作及保护方法，也因蜘蛛的种类而异，在此先介绍数种较具代表性的例子。

园蛛母蛛开始产卵之前，在蛛网附近的枝条、叶片上吐丝制作一块垫子，然后在垫子上产卵。为了避免卵因干燥而死，母蛛会在夜间短时间内一气呵成地将卵产完。例如许多种类的园蛛不到十分钟就能产完上千粒卵，然后在卵块上加一层蛛丝，做好卵囊，接着在卵囊附近拉一些蛛丝，既起到固定作用，又能预防敌害接近，如此才完成整个产卵过程。

游猎型的狼蛛母蛛在做好下层的垫子后，从产卵口排出一个袋状物，将卵产在其中，然后搁在垫子上，再盖上一层蛛丝，用足来回以蛛丝缝接上下层的垫子，制作出扁平面包状的卵囊，最后挂在腹端的纺器上，带着到处游走活动。

园蛛、斑络新妇等把卵囊粘在树干、墙壁上；盗蛛、巨蟹蛛则以步足和触肢抱着卵囊走动；猫蛛科的斜纹猫蛛（*Oxyopes sertatus*）和栉足蛛科的一些种类，母蛛在树枝、草叶上制作卵囊，然后趴在其上保护它；球蛛科的裂额银斑蛛（*Argyrodes fissifrons*），把卵囊吊在其他种类的蜘蛛蛛网下，托付给别的蜘蛛保护；管巢蛛、红螯蛛类先折弯单子叶植物的尖叶制作产卵室，然后在此吐丝产卵；管巢蛛先在草茎上做卵囊，产卵后用一些土粒粘在卵囊上面加一些伪装，因此我们甚

横纹金蛛的卵囊制作过程

在蛛网附近的枝条或叶片上吐丝，制作一块垫子。

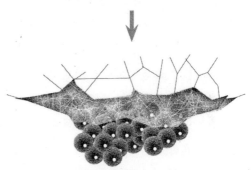

在垫子上产卵，并且在短时间内产完所有的卵。

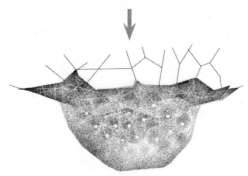

在卵块上加一层蛛丝，做好卵囊，并拉丝将卵囊固定。

难发现管巢蛛的卵囊；属于花皮蛛科的花皮蛛等，只以数条蛛丝制作简陋的卵囊，从外面能清楚地看到里面的卵粒，原来它们的祖先生活在高湿的洞穴中，若以致密的卵囊保护卵粒，恐怕会使卵因过于潮湿而受损。

以蜘蛛为食的捕食性动物为数不少；尤其没有自卫能力且营养丰富的蛛卵，更是许多捕食性及寄生性动物的最爱。因此，为了保证后代的繁衍，母蛛不但要产下数目众多的卵，也要采取上述的一些保护措施。再者，对不少种类的蜘蛛而言，产卵是母蛛一生中最后的工作，产完卵不久即寿终正寝。在没有母蛛保护的情况下，卵更需要安置妥当。

因此，大多数幼蛛孵化出来后会暂时停留在卵囊内，等到若蛛期才咬破卵囊现身。金蛛、园蛛幼蛛在卵囊中只停留两三天就出现，接着吐丝形成共同的蛛网，在上面群居，直到蜕一次皮，才分散到各地。幼蛛在卵囊外群居生活，对天敌而言，是很好的捕食目标，因此幼蛛在卵囊内多留一些时间，缩短卵囊外的群居时间会更为安全。确实，较为原始的节板蛛科幼蛛孵化后要在卵囊内停留七八个月之久，这段时间幼蛛在卵囊内不但会长大还会活动，因此母蛛制作卵囊时，必须准备一些多余的空间。例如漏斗蛛产卵时，母蛛就将部分居所作为育幼室，在此形成内含七十至八十粒卵的卵囊。经过约两个星期的孵卵期，幼蛛孵化后还可在卵囊及育幼室内长大，直到能够吐丝，才乘风飘浮于外。如果是在秋季制作卵囊、产卵，此时虽然也有约两个星期的孵卵期，但幼蛛孵化后会一直停留在育幼室内度过冬天，到了春天才离开育幼室，开始独立生活。

母子关系的开始——产卵

　　雌蛛接受雄蛛精子后先把精子贮藏在体内的贮精囊中，贮藏的时间长短因蜘蛛的种类而异，长者可达半年之久。例如在秋季交配的巨蟹蛛，多在翌年春天才产卵，而在此时才会用到贮精囊内的精子，让卵细胞受精。

　　就后代的繁衍、精子的有效利用而言，从交配到产卵间隔时间太长，并不是好事。但关于蜘蛛的受精过程仍有很多不详之处，有些蜘蛛这么做的原因至今还是个谜。目前至少已知许多蜘蛛至春天温度升高才能产卵，而且不少蜘蛛的母蛛一生中只产一次卵，然后就死亡。例如园蛛、金蛛之类多属于这类，它们一次产卵数量常达1500至2500粒之多。当然有些蜘蛛会分成数批产卵，一次产下一部分卵，这类蜘蛛以第一次产卵时的卵数为最多，此后随产卵次数增多卵数递减。例如扁蛛的母蛛通常分三次产卵，以一只母蛛为例，其第一、二、三次产卵时的卵数分别为27、24、9粒，孵化率也随产卵次数的增长而降低。

　　谈到一粒卵的大小，就卵生动物而言，产大型卵的动物通常产卵数较少，而产小型卵者，产卵数较多。蜘蛛也同样如此，大多数中型蜘蛛的卵呈球形，直径约1毫米。原产自南美的体长达50至80毫米的捕鸟蛛（*Pamphobeterus* sp.），卵的直径约有4毫米，一次产卵数约为200粒；而另一种体长相同的捕鸟蛛（*Lasidora* sp.），卵的直径仅1.5至2.5毫米，但一次产卵数达400至500粒之多。捕鸟蛛一年只产一次卵，但母蛛常活过二十年以上，因此一只母蛛的总产卵数当然不止于此。

　　大型卵有其优点。如节板蛛的卵其直径约为1.5毫米，算是大型的卵。它在一年一次的产卵期中产下约50粒卵，夏天产下的卵经过一个月就孵化出来，但幼蛛在卵囊中停留约半年，至翌年才出现。为了度过半年的漫长幼蛛期，卵中必须贮备足够的营养，卵的尺寸自然必须更大。

常出没于房屋附近的温室拟肥腹蛛，则属于卵小、多产且分批产卵型。温室拟肥腹蛛是较小型的蜘蛛，体长不到1厘米，卵的直径仅约0.6毫米。在温带地区，母蛛通常产卵4至7次，一次的产卵数达100至500粒之多。幼蛛经一个星期孵化出来，此后在卵囊内度过两三天的幼蛛期就破囊而出，然后马上分散，开始独立生活。从产卵至分散、独立，只有十天左右的时间，这样幼蛛就不必从卵中获得大量的营养物，小型的卵因此也足以供其发育。但由于若蛛刚开始分散时体小力弱，存活率并不高，母蛛只好采取以量取胜的"蛛海战术"来留下后代。尤其在对中美洲哥斯达黎加的温室拟肥腹蛛的调查中发现，母蛛平均每10天产一次卵，而一只母蛛在整个成蛛期产卵次数有时可达14次之多。多产者有156天内产卵20次的纪录，每次平均产卵数也达230粒，总产卵数的最高纪录为5392粒。产卵数如此之多的"蛛海战术"，使温室拟肥腹蛛能迅速完成世代更替，并且有效地扩大栖息范围，而成为世界各地十分常见的蜘蛛。

虽然如此，一只母蛛的产卵次数、一次的产卵数以及总产卵数等，都会因环境条件，特别是营养条件而有很大的差异，无法一概而论。例如斑络新妇，目前就有关数据显示，一个卵囊中的卵数少则只有200多粒，但多时竟超过1500粒，高达7至8倍。

再谈产卵

　　前面一节中已约略介绍母蛛的产卵数和产卵趋势，虽然目前这方面的研究资料仍相当有限，但由于产卵趋势是决定蜘蛛种群数量的关键因子，在此还是继续讨论与之相关的问题。

　　母蛛先制作卵囊，然后再产卵，一个卵囊中卵的数量叫作单次产卵数。据现有的资料，大型捕鸟蛛单次产卵数约为3000粒，园蛛类当中的大型种单次产卵数为2600至2700粒，生活在水边的大型狡蛛约为1500粒，而大多数蜘蛛的单次产卵数在100至200粒之间。生活在洞穴中的小型八木管巢蛛一次只产一粒卵，不过因为有分批产卵的习性，母蛛在一生中可能会产10粒左右的卵。

　　我们不妨和昆虫的产卵数做个比较。蝙蝠蛾的母蛾一边飞一边以空中洒布的方式产卵，卵数竟达1万粒之多，在昆虫中可能是产卵数最高的。另一方面，粪金龟的母虫制作粪球埋在土中，在粪球上产卵后，还留在粪球旁边照顾，它们一生产卵不到20粒，与蝙蝠蛾之间的差异甚大。就总产卵数而言，瓢虫类为300至500粒，萤火虫为200至700粒，捕食性椿象为50至100粒，螳螂类为500至1000粒。由此可见蜘蛛的产卵数不亚于捕食性昆虫。

　　谈到产卵的一般趋势，愈大型的种类单次产卵数愈多，这是不难理解的。但即使是同一种类的蜘蛛，单次产卵数也会因食物条件而有很大的变化。一次室内实验表明，当提供的食物量减少一半时，狼蛛的单次产卵数也减少一半。类似的趋势也出现在野外生活的狼蛛中。对单次产卵数而言，所猎捕的食物量多寡远比身体的大小重要得多。

例如球蛛、园蛛、蟹蛛之类，多生活在猎物较丰盛的地方，因此为猎捕所消耗的体力（能量）较少，自然能把更多的能量用于增加产卵数。因此，它们的体形虽不算大，却是产卵数较多的蜘蛛。

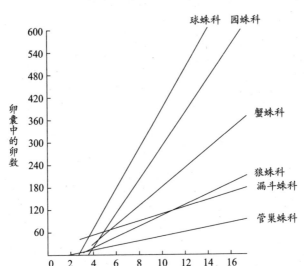

体长与卵囊中卵数的关系

相反，狼蛛、漏斗蛛、管巢蛛之类相对其体形而言，产卵数属于较少的。根据动物（包括高等动物在内）繁殖策略方面的普遍原则，在食物丰富但天敌也多的环境中生活的动物，多采取小卵（仔）多产的策略；然而在食物较少、天敌也不多的环境下，动物多采取少卵（仔）的策略，但同时会对后代多加照顾，以弥补小卵少仔之弊。这个普遍原则似乎也适用于蜘蛛。由于结网型蜘蛛的捕猎量通常比游猎型蜘蛛多，另一方面，在愈接近地面处活动的蜘蛛，能够捕捉的猎物数愈少，由此推测，在树上织网的结网型蜘蛛球蛛、园蛛等，多采用小卵多产的策略。相反地，在靠近地面处结网的漏斗蛛或游猎型的狼蛛、管巢蛛采用大卵少产的策略，并且还要加上雌蛛的卵囊以及对幼蛛更周到的照顾，才能留下更多的后代。如此看来，产卵数的多寡与蜘蛛活动场所的食物、天敌的数量有关。

产卵数之多寡，不能仅由单次产卵数来决定，因为如球蛛、艾蛛等蜘蛛的雌蛛一生中会多次产卵。又如斑络新妇的雌蛛，在温带地区为单次产卵型，但在热带、亚热带地区通常会产卵两三次。但通常身体较小的蜘蛛多为多次产卵型。理由很简单，对所有动物来说，为了维持基本的生命现象，其体内必须具备消化、呼吸、循环、神经等器官，而小型动物的体腔在容纳这些基本器官后，再用来容纳生殖器官的空间相当有限。尤其是雌蛛，到了产卵期要一次容纳大量的成熟卵，更是难上加难，所以只能采用"分期付款"的方式，利用体腔内有限的空间，让少量的卵分批发育，以繁衍后代。由于小型蜘蛛多采用分批产卵的策略，它们的成蛛寿命往往比大型蜘蛛长。

但目前对蜘蛛的生活史、产卵数、产卵趋势，真正弄清的很少，尤其在至今已知原产自中国台湾的近三百种蜘蛛中，产卵数及产卵趋势为人所知的还不到十种。若从这方面调查，我们将可以发现很多有趣的事实。

母蛛最后的牺牲

母蛛制作卵囊并将其安置在安全的地方，这已是母爱的表现，但有些母蛛对幼蛛的照顾不止于此。当然像斑络新妇、横纹金蛛这类一次产下数百上千卵粒的母蛛，产后就要面临死亡，幼蛛孵化后只能自力更生。但在整个蜘蛛界这种蜘蛛毕竟还算是少数，大多数种类的蜘蛛都会以各种方式照顾或保护自己的若蛛。例如下一个章节中介绍的狼蛛母蛛，就以善于照顾幼蛛而闻名。

实验结果表明，把狼蛛的若蛛和母蛛分开饲养，若蛛仍能正常发育，但对敌害毫无防御的能力。由此推测，在野外母蛛之所以如此照顾幼蛛，就是为了防御敌害的攻击。漏斗蛛科及球蛛科的蜘蛛对幼蛛都有进一步的照顾行为，在若蛛和母蛛同居期间，母蛛吐出自己已消化的食物，以嘴对嘴的方式喂饲若蛛。这种液体被称为"蛛乳"（spider milk）[1]。若以添加放射性同位素的糖水饲养苍蝇，再用这些苍蝇喂饲母蛛，母蛛身上就可检验出这种同位素。当母蛛以"蛛乳"喂饲若蛛时，在若蛛体内也可发现放射性同位素。不过母蛛体内的放射性同位素含量随喂饲若蛛的次数而逐渐消失，而若蛛体内的放射量反倒增加了。

有些生活在湿地上的蜘蛛，当母蛛以"蛛乳"喂饲若蛛时，若蛛会摇一摇母蛛的足催促母蛛分泌蛛乳；过了以蛛乳喂饲的时期，最后母蛛连自己的身体也让若蛛拿去当食物。换句话说，若蛛是取食母体

---

[1] 最近中国科学家发现，一种名叫大蚁蛛（*Toxeus magnus*）的蜘蛛母蛛腹部的生殖沟能分泌出一种类似乳汁的液滴，供幼蛛取食。这项研究成果发表在 2018 年 11 月 30 日的《科学》杂志上。

球蛛喂养幼蛛的行为——若蛛从母蛛螯肢接受"蛛乳"。

而长大的，这种食母行为在一些袋蛛科的蜘蛛身上也可以看到。母蛛被若蛛吸食体液约半个小时后会丧命，其后随着若蛛继续吸食，不到一天，母蛛就只剩下外骨骼了。若蛛以母蛛身体补充营养后，才各自离开母体分散至各地。

又如欧洲草原上常见的迷宫漏斗蛛（Agelena labyrinthica）的母蛛，它以蛛丝制作球状的卵囊保护卵，另外还在卵囊之间留下迷宫般的通道围住卵囊，如此虽然从外面能明显看到球状的卵囊，敌害却甚难侵入卵囊所在的地方。做完球状体的母蛛在迷宫中陪伴卵囊，直到死去，此后孵化的若蛛也会取食母体。类似的习性也可见于蟹蛛的观察记录。至今，约有四十种蜘蛛已被观察到有这种食母行为。

然而也有遵循"伦理"观念的蜘蛛。栖息在欧洲草原的一种球蛛，若蛛从卵囊中出现后，起初三四天还靠"蛛乳"生活，但一进入第三龄若蛛期，具备了捕获猎物的能力，母蛛便停止喂食"蛛乳"。但母蛛捕到猎物时，先在猎物身上咬几口，让若蛛吸食从猎物伤口流出的体液。经过这个阶段后，若蛛再进入共同捕猎的生活。如此，母蛛一次养育二十至四十只若蛛，母子关系会从母蛛与若蛛同居时期一直维持到第四、五龄期若蛛完全学会捕猎技术。

无论如何，母蛛养育若蛛要做出很大的牺牲。像平常行动很敏捷地在树叶间跳跃的猫蛛类，到了养育期就很难捕捉到猎物。母蛛在树叶上产卵制作卵囊后，便终日趴伏在卵囊上面，一直到幼蛛孵化为止。母蛛的身体不但逐日消瘦，体色也逐渐变淡，此时若受到攻击，它只会举起前足，张开螯肢呈现威吓姿势，却怎么也不肯离开卵囊，因此非常容易被捉住。如此看来，凶暴的蜘蛛其实有很深厚的母爱且形式多样。单单针对蜘蛛照顾后代的行为，就可发现很多有趣的现象。

母爱的典范——狼蛛

　　游猎型蜘蛛中的狼蛛，名字听起来很可怕，因为它找到猎物后会像野狼般跳上去捕捉，"狼蛛"这个名字充分表现出它捕猎时的凶暴、敏捷，可说是名副其实。但狼蛛还有一个给人印象完全相反的名字——保姆蛛，在此就介绍一下狼蛛表现的母爱吧！

　　首先简单介绍一下在中国台湾也很常见的拟环纹豹蛛（台湾地区叫六点狼蛛）母蛛和若蛛的生活史。母蛛大致于三月初开始产卵，卵期约十天。刚孵化的幼蛛呈透明状而且几乎不活动，两三天后蜕皮，体色变成黑褐色才开始活动，但仍待在卵囊中。经过一个星期，再蜕皮一次后就更活泼，此时母蛛才让幼蛛从卵囊中出来。离开卵囊的若蛛立刻爬到母蛛的背上。经过一两个星期的母子同居生活，若蛛再次蜕皮后才会离开母蛛。因此若蛛从卵期开始，要在妈妈的照顾下度过四五个星期的时间。当幼蛛还在卵囊内时，母蛛把卵囊贴在腹端的纺器上，在此期间每天两三次，就像是抱卵中的母鸡用喙调整巢中卵的位置一般，母蛛也会用足捉住卵囊，调整纺器上卵囊的位置。

　　从卵囊出现的四五十只若蛛，搬家似的挤在狭小的母蛛背上，母蛛只好背着这些若蛛到处徘徊狩猎。由于母蛛背上有许多末端呈球状的羽状毛（雄蛛背上没有这种毛），若蛛可以抓紧羽状毛趴伏在母蛛背上。若剃掉母蛛背上的毛，若蛛根本无法停留在母蛛背上，会全部滑下来。拟环纹豹蛛常到水边喝水，因此在水边常能见到。当母蛛喝水时，若蛛也从母蛛背上下来喝水；母蛛喝完水要离开时，若蛛赶紧回到母蛛背上。若蛛离开母蛛时会拉着拖丝，靠此拖丝就能回到母蛛背上，取食时也是一样。这种情形会一直持续到若蛛进入第四龄期为止。从这些习性，就可以看出拟环纹豹蛛的母爱是多么深厚。

那么狼蛛的母爱是由何种机制控制的？在此介绍一些实验结果。每当拿走母蛛所携带的卵囊时，母蛛会立刻就近寻找失去的卵囊，此时若发现小木块等形状类似卵囊的东西，就马上捡起来贴在纺器上。这个时期的母蛛好像纺器不携带东西就无法安心似的，就像孵卵期的母鸡，凡是鸡蛋般的东西它都愿意收容在巢中并表现出抱卵的行为。母蛛执着于卵囊的行为在产卵初期最明显，随着卵的发育逐渐减弱。从刚产卵的母蛛身上拿走贴在纺器上的卵囊，经过两三天再还给它，它依然愿意接受并将其贴在自己纺器上；至于携带卵囊已有一段时日的母蛛，只将卵囊拿开两三个小时，再还给它，它就不予理会了。取掉母蛛的卵囊后，给它另一只母蛛所产的卵囊，它对此的接受度仍旧视母蛛携带卵囊的时间长短而定。用携带卵囊已有一段时间的母蛛与刚产卵的母蛛做实验，拿走卵囊再给它们另一个卵囊时，不管里面卵粒的发育程度如何，母蛛只凭自己曾经携带卵囊的时间长短来决定该不该接受那个卵囊。到了预期幼蛛该出来的时候，不管此时卵的发育程度如何，母蛛都会径自把卵囊打开让幼蛛爬出来。

但也有相反的实验结果。比如，给一只产卵前的母蛛一个已经过了两个星期的老卵囊，结果母蛛把它挂在纺器上。但一星期后，母蛛又制作了自己的卵囊，然后把新旧卵囊捆成一块贴在纺器上。到了第二天，母蛛打开新旧两个卵囊，从旧卵囊出现的数十只若蛛爬到母蛛背上，而新卵囊中的几十粒未孵化的卵就散落一地。由此来看，母蛛打开卵囊的时机，不但受母蛛体内的生物钟控制，也受到卵囊中幼蛛的动静影响。在正常情况下，母蛛从照顾卵囊改为照顾若蛛的时机依卵囊的重量而定，所以只要幼蛛还留在卵囊内或出现在卵囊的表面，母蛛都会一直挂着卵囊不愿放弃。如果先以开水烫死卵囊里面的卵，然后让母蛛去照顾，母蛛虽然到了一定的时间就咬破卵囊想让里面的幼蛛出来，但卵囊中已经不可能有幼蛛爬出来。然而因卵囊的重量没有改变，母蛛还是继续把它挂在纺器上，并且一直挂到发霉、严重变质、腐烂不堪时才会放弃。

那么拟环纹豹蛛母蛛对其他种类的蜘蛛的卵囊、幼蛛的反应又如何？拟环纹豹蛛母蛛有了卵囊之后，意愿强烈到就连小木片也想携带，此时要是给它其他种类的蜘蛛的卵囊，结果会如何？我们甚至还可利用幼蛛出现并各自散去后剩下的那些不再受母蛛照顾的蜘蛛卵囊，看看结果如何。由于拟环纹豹蛛是在河边、稻田里常见的蜘蛛，又容易采集到，读者不妨自己做实验看看。

当幼蛛还在卵囊内时，狼蛛母蛛把卵囊贴在腹端的纺器上。（审校注：图为拟环纹豹蛛 *Pardosa pseudoanhulata*，此图有误，腹部缺失，卵囊应在腹端。）

社会性蜘蛛的母子关系

在有关"捕猎"的一个章节中，曾提到营社会性生活的蜘蛛靠团队行动能够捕猎更大型的猎物，但社会性生活的优点还不止于此，在照顾若蛛上也可发挥团队精神。

虽然我们常以"社会性"一词描述动物群居的现象，但其实依据动物互相之间关系的深浅，社会性又可分成数种，在此为了简化，仅分成"亚社会性"和"（真）社会性"两大类。所谓"亚社会性"蜘蛛，母蛛的照顾行为，亦即母蛛与若蛛的同居维持到若蛛生活中的某一阶段为止，然后若蛛便离开母蛛分散开去；而"社会性"蜘蛛之间的同居关系将一直维持到若蛛长大到成蛛，并且后代成蛛也在此繁殖，甚至还会出现五代同堂的现象。

在此先介绍亚社会性蜘蛛的情形。如分布在北美东南部的一种球蛛，它们形成以一只母蛛为主，另有数只雄蛛和三十至五十只若蛛的小型族群，在灌木丛中建造约六平方厘米的小型幕状巢网，在巢网角落利用枯叶制作居所。母蛛在此养育孵化的若蛛，而若蛛也协助母蛛捕猎、造网，并与母蛛一起取食。如此共同生活一直维持到第三龄若蛛期，但至第四龄期若蛛就逐渐离开母蛛，母蛛也大致在此时寿终正寝。分布在欧洲的另一种球蛛，与母蛛的同居生活则维持到第五龄若蛛期。

至于社会性蜘蛛，如分布在墨西哥的一种漏斗蛛，它们数百上千只——据最高纪录，甚至有两万只——共同经营直径两米以上的大型巢网，共同织网、捕食、照顾卵囊。在众多蜘蛛的协助下，该种漏斗

社会性球蛛的幕状巢网

蛛可经营大型的巢网，因此捕捉的猎物又多又大。尤其幼蛛、若蛛可以得到充分的营养，发育更快；在巨型巢网的保护下，它们的存活率也比其他蜘蛛更高。而群落中成员的快速增加更有助于建立这种巨型的巢网。

那么它们为何能够经营如此巨型的社会？原因不外乎群落中雌性成蛛的只数远多于雄性成蛛。用更学术的说法来说，性比例中雌多于雄。例如，前面所述的营亚社会性生活的欧洲产球蛛的性比例约为1∶0.3，南美产漏斗蛛为1∶0.14，即相对于100只雌蛛只有30或14只雄蛛。而且刚从卵囊出现的若蛛，就有这种雌多于雄的现象。

虽然至今还不知道雌蛛以何种机制控制卵的性比例，但所产的卵无疑大多数会变为雌蛛。由于雌蛛成熟后就会产卵，对以后族群成员数目的增加有直接的帮助，而且雌蛛成熟后吐丝织网、捕猎的能力也比雄蛛强；反观雄蛛，它们和其他非社会性蜘蛛相同，长大后结网用丝腺退化，加上体形小，捕猎能力也比雌蛛差了许多。在野外长期的追踪调查结果也显示，雌蛛数量愈多，整体族群愈稳定且很快繁盛。如此说来，雌蛛多产雌性幼蛛，确是上上之策。

但另一方面，由于雌蛛数量远多于雄蛛，常有雌蛛没有机会与雄蛛交配。在一次调查中发现，超过一半的雌蛛是"老处女"，其贮精囊中没有精子。但这些雌蛛也会参与结网、猎捕甚至育幼。这很类似于未交配的雌性蜜蜂充当工蜂从事采蜜、筑巢育幼工作的现象，说不定社会性蜘蛛已演化到如工蜂般有劳动分工的阶段。由于一个社群里的雌蛛和与它交配的雄蛛出自同一个"祖母"或"曾祖母"，它们之间多多少少有血缘关系。在这种情况下就会产生近亲交配，而持续的近亲交配必然使整个社群的健康水平下降，这是大家都知道的事。社会性蜘蛛以什么方法避免近亲交配，至今仍是个谜。

虽然社会性生活有不少优点，但经营社会性生活也需要一些条件，其中之一便是要常有充分的猎物，因为陷入饥饿的蜘蛛会互相残杀。因此至今所知的社会性蜘蛛多分布在热带、亚热带地区。在中国台湾目前只知道属于园蛛科的摩鹿加云斑蛛有时会十多只在同一个地点结网并共同生活，但这种蜘蛛到底有何种程度的育幼行为至今未有研究资料。其实不只是摩鹿加云斑蛛，如果我们能够更详细地调查，必定还可以发现其他的社会性蜘蛛。

第七章 蜘蛛的天敌

致命性天敌

　　生态学书上常有"生产者""初级消费者""次级消费者""三级消费者"等术语，其中生产者为利用太阳能源生产自己身体的植物，初级消费者多指以植物为食物的植食者，次级消费者是以植食者为食的捕食者，三级消费者则是利用次级消费者的更大型捕食者。蜘蛛是捕食性的动物，当然不是初级消费者，更不是生产者，通常属于次级或三级消费者。更具体地说，在稻田里，水稻是生产者，取食水稻的螟虫、蝗虫、叶蝉等害虫是初级消费者，而蜘蛛通常是小型植食者害虫的天敌，所以属于次级消费者。有时蜘蛛也捕食以叶蝉等为食的小型捕食者，此时蜘蛛就是三级消费者。只是在自然界的食物链中，还有以捕食蜘蛛为生的更高层消费者。

　　略微观察一下蜘蛛，就知道它有个肥胖多汁的腹部，因此以蜘蛛为食的捕食性动物还真不少。很多鸟类喜欢吃昆虫，所以我们饲养小鸟时，常捉一些蟋蟀、面包虫等来喂饲。其实小鸟也啄食蜘蛛，在国内，还有以蜘蛛为主要食物的鸟类，名字就叫捕蛛鸟（又名"食蛛鸟"）。不单鸟类，青蛙、蜥蜴、壁虎、食虫性的哺乳类动物都是蜘蛛的克星。此外蜈蚣、蚰蜒之类也是不能小看的蜘蛛天敌。

　　鸟类对蜘蛛的影响不止于此，如绣眼鸟、棕扇尾莺（锦鸲）、山雀等鸟类，会取蛛丝为材料，缀缝树枝、叶片做巢。由于蛛丝以蛋白质为主要成分，对蜘蛛而言是宝贵资源，为了修缮在鸟类为筑巢而强取豪夺的行为中受到破坏的蛛网，蜘蛛必须付出另一笔高额的营养支出。

蛛蜂是蜘蛛可怕的天敌，图为大
鳌甲蜂与阿氏蛛（*Atrax robustus*，
又名悉尼漏斗蛛）。

　　昆虫虽是蜘蛛的主要食物，但以蜘蛛为寄主、把卵产在蛛体上，而且幼虫孵化后靠取食蛛体长大的寄生性昆虫也不少。如寄生在园蛛上的姬蜂雌蜂，在园蛛体上产卵，姬蜂的幼虫靠取食园蛛的卵而长大。此外，小茧蜂科、小蜂科甚至蛛卵蜂科的一些寄生蜂，都以蛛卵为它们幼虫的寄主。不只是蛛卵，这些寄生性的昆虫对若蛛、成蛛也不放过。尤其甲蜂、细腰蜂、拟细腰蜂等所谓狩猎蜂，对蜘蛛来说更是可怕的天敌，而且这些狩蛛者对结网型蜘蛛或游猎型蜘蛛各有不同的攻击特技。

　　结网型蜘蛛只要听到这些寄生蜂振翅的声音即知大难来临，会马上吐丝逃窜。但寄生蜂绝不轻易放过，它们低空飞翔，一路搜寻并捉住逃亡中的蜘蛛；蜇一针将蜘蛛麻醉后，再带回自己的窝里保存。如果蜘蛛太大无法带着飞走，就以口器咬住蜘蛛拉到窝旁。寄生蜂并不食用蜘蛛，而是将美食留给自己的后代。它们会在已动弹不得的蜘蛛身上产卵，然后把它好好安顿在窝中；从卵中孵化出来的寄生蜂幼虫就慢慢取食麻醉后虽然不能动弹，但还保持着新鲜肉质的蜘蛛而长大。

　　挖土造窝的寄生蜂主要分为两大类，一类是先造好窝后出去狩猎的，另一类则是先捕到寄主蜘蛛后才造窝的。后者将寄主放在造窝处附近开始挖土，并不时回到摆放猎物处，确认寄主是否还在，以及麻醉是否彻底，同时配合寄主的大小测定窝巢的尺寸。鸟蛛蜂是以蜘蛛为寄主的狩猎蜂，它将卵产在蜘蛛的腹部背面，如此一来蜘蛛无法以步足取掉腹部背面的卵。当然蜘蛛并不都会乖乖地被狩猎蜂征服，经常也会上演激烈的攻防战。其中最精彩的应是大型的捕鸟蛛与狩猎捕鸟蛛的鸟蛛蜂之间的生死战。它们两者之间出招的情形在拙著《午茶昆虫学》（玉山社出版）中有详细描述。

除了狩猎蜂，蜘蛛还有其他的寄生者。若详细检查采集到的蜘蛛身体，有时可发现一些红点，那应是地螨之类，它们寄生在蜘蛛体表，靠吸食蜘蛛的体液而长大。另有一些线虫寄生在蛛体内，部分真菌类也以蜘蛛为寄主。尤其以地蛛、蝰蟷为寄主的子囊菌，成熟后子实体会长出蛛体外，形成所谓的"冬蛛夏草"，关于这一点，可参考第十章的"可当食物、药材的蜘蛛"。

非致命性的敌害

　　蜘蛛编织蛛网的主要目的是猎捕昆虫，因此就食虫性昆虫来说，蛛网也是它们寻获食物的好地方。很多昆虫会在蛛网上或附近巡行当小偷，雄性蝎蛉便是其中之一。不过它并不把盗来的昆虫当食物，而是用自己吐出的丝重新将昆虫包好，当成礼物去寻偶。当雌性蝎蛉接受这个礼物，雄虫便趁雌虫取食时和它交配。为了节省捕猎的体力和时间，雄性蝎蛉常出现在蛛网上当盗贼，用盗来的昆虫当礼物。这是雄虫留下后代所必经的步骤。像这种雄性为了交配，将礼物赠送给雌性的行为，在一些蜘蛛中也曾有人观察到，本书在第二部分第五章的"另一种求偶行为——送礼求婚"中已介绍过。

　　蝎蛉偷虫的举动如果被蜘蛛主人发现，蜘蛛当然想赶走小偷，但此时蝎蛉会咬着偷来的昆虫赶快飞走，或举起腹端采取威吓的姿势，甚至从口中吐出一种有驱避性的液体，使蜘蛛不能靠近。由于此液体还具有溶解蛛丝的作用，因此蝎蛉不会被蛛丝缠住。但这些战术有时也会失效，后果就是蝎蛉变成蜘蛛的猎物。根据在美国的一次调查，雄性蝎蛉死亡的最大原因就是被蜘蛛捕食。

　　半翅目昆虫中的拟刺椿象、盲椿象类也是蛛网上常见的小偷。前者由于动作缓慢，蜘蛛常无法察觉它的存在。有一种盲椿象常出现在社会性蜘蛛粗脚蛛（*Anelosimus eximius*）的蛛网上，由于身体小、视觉不甚发达的蜘蛛难以发觉它，因此它在巢网中到处走动寻找可当食物的昆虫，并以口器吸食巢网中猎物的体液，甚至吸食死去的蜘蛛的体液。万一被蜘蛛发现，它只要马上停止行动，便能避免灾祸。因为蜘蛛的视觉不甚发达，只依靠蛛网的振动所传播的信息来调整行动，因此常受骗。

还有一种夜蛾也是粗脚蛛巢网中的不速之客。雌蛾在巢网上产卵，孵化的夜蛾幼虫在巢网中到处徘徊，取食蜘蛛吃剩的食物。夜蛾幼虫具备发达的大颚，因此还能咬碎蜘蛛无法利用的昆虫外骨骼，以此为食物。夜蛾幼虫为了预防被蜘蛛发觉，会慢慢地在蛛网上徘徊，不幸被发现时，就拉着丝赶紧逃回自己简陋的巢中，或像雄性蝎蛉一样从口中分泌一种液体，不让蜘蛛靠近。另有一种黑小蝇，常停在斑络新妇的背上，当斑络新妇捉到猎物，并吐出消化液溶解猎物来吸食时，黑小蝇就从背上跳下来，分享已溶解的猎物体液，等吸饱汁液之后又跳回斑络新妇的背上。但黑小蝇在吸食汁液时为何没被斑络新妇吃掉呢？它们之间的关系目前还不详。

上面所介绍的敌害都算是小偷，对蜘蛛的影响不大，但另外还有一些给蜘蛛造成较大损失的强盗型敌害。例如一些长脚蜂常停在蛛网上，咬碎蛛网上的猎物，做成肉团后拿来当它的幼虫的食物。这类长脚蜂具备对付蛛网的伎俩，当它掠取蜘蛛猎物时，就以后足吊在蛛网下，并利用中、后足，似无障碍般在蛛网上爬行，当蜘蛛靠近时就会飞走或根本不理蜘蛛震动蛛网的威吓行为。其实强盗型的敌害不只是长脚蜂，在中南美洲有一些蜻蜓、蜂鸟在植物之间飞翔，寻找蛛网并掠取其上的猎物，因此有些专家认为蜻蜓、蜂鸟的空中悬停技术，原本是为了掠取蛛网上的猎物而演化出来的。

话题再回到寄居于粗脚蛛巢网上的夜蛾。由于夜蛾幼虫所取食的大致为蜘蛛吃剩或无法利用的昆虫外骨骼，如此一来，夜蛾或许不是什么寄生者，对蜘蛛而言应是无益无害的偏利共生者。进一步来说，营社会性生活的粗脚蛛的巢网是半永久性的，如果不将吃剩的残渣处

理掉而一直堆在巢网中，对蜘蛛也不好，因此蜘蛛常常需要把这些垃圾搬到巢网边缘，但为了处理生活残余物，现身于巢网边缘又易遭遇受蜻蜓、蜂攻击的危险。从这个角度来看，夜蛾幼虫不但是蛛网中的清道夫，也是让蜘蛛减少被捕食概率的救命恩人。这么说来，非但不能说夜蛾是蛛网中的寄生者，它们之间或许还存在着互利共生的关系。

左图：停在斑络新妇头胸部的黑小蝇，和斑络新妇一起分享已溶解的猎物体液。

同类中的克星

　　由于蜘蛛是捕食性动物，它们的食谱中包括蜘蛛是可以理解的。确实有一些蜘蛛以其他种类的蜘蛛为主要食物，例如球蛛科的菱球蛛就是有名的食蛛性蜘蛛。菱球蛛在树枝间以一条或两条蛛丝形成所谓的"条网"，由于它们的身体为绿色或褐色，静止于条网上时，就像挂在蛛丝上的一根松针。之前认为，菱球蛛蛛网的构造虽然简陋，但形成条网的蛛丝黏性非常强，猎物碰到蛛丝，就难以脱身。但在最近的一些研究中却发现，菱球蛛的蛛丝根本没有黏性，原来它另有一种秘密武器可捕捉猎物，而且捕获效率相当高。

　　根据调查，菱球蛛95%的食物为其他种类的蜘蛛，这些蜘蛛涵盖十一科二十四种。再来谈谈菱球蛛的捕蛛方法。猎物蜘蛛碰到条网会顺着条网爬行，由于误以为条网是能引导自己的拖丝而走上死亡之路。当菱球蛛接收到猎物在条网上爬行的信息后，它会随着振波的靠近走近猎物，到了一定的距离，就从第四对步足的末端抛出具有大黏珠的黏丝，成功地黏住猎物。如果第一回合失手，第二、第三根黏丝马上出手。以此方法，菱球蛛不必直接碰到猎物，就可以暗箭捕猎。

　　球蛛科的另一种普克蛛属（ *Platnickina* spp. ），是连条网也不用的游猎型食蛛者。它遇到其他种类的蜘蛛的蛛网就直接侵入，趁蜘蛛主人不注意时丢出黏丝将其捕获。球蛛科中另有十多种蜘蛛也以此方式捕获猎物，目前已经证实它们身上确实存在此种黏丝。这些蜘蛛抛弃结网的习性，而另行开发出新的食谱——蜘蛛，变成专吃蜘蛛的蛛食性者。

青菱球蛛（*Rhomphaea sagana*）抛出黏球丝粘住猎物。

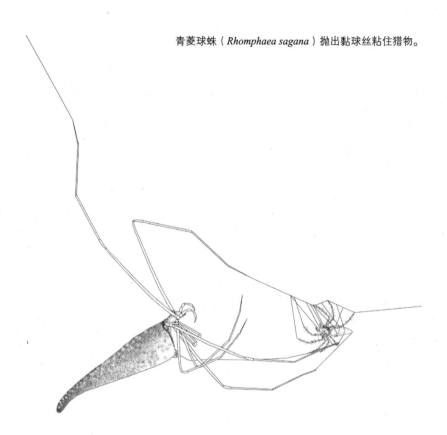

　　蛛食性并非球蛛科蜘蛛的专利。虽然园蛛科的多种蜘蛛都有编织圆网的习性，但壮头蛛属（*Chorizopes* spp.）却是一群不结网的蛛食性蜘蛛。它们侵入其他种类的蜘蛛的蛛网后，先威吓蜘蛛主人——这种威吓行为也具有增强攻击效果的作用——之后便跳到蜘蛛主人的背上，以发达而锐利的螯肢咬住猎物。

　　在多种蛛食性蜘蛛中，最为有名的应是拟态蛛科这一类，这个科的成员都具有蛛食性。拟态蛛在徘徊中遇到其他蜘蛛的蛛网，随即以第一、二对步足捉住网中的蛛丝，用紧松交替的方式拉动蛛丝。蜘蛛主人以为有猎物被捉到，就会赶紧接近拟态蛛。两者的步足互相接触的刹那间，拟态蛛会迅速跳到蜘蛛的背上，并咬住它的头部征服它。拟态蛛的捕猎战术当然不止于此，有些拟态蛛会偷偷地接近蜘蛛主人并捕捉它，或直接冲向蜘蛛主人将它咬死，甚至模仿蜘蛛主人的寻偶行为而接近它，不一而足。

目前已知至少球蛛科、幽灵蛛科、园蛛科、拟态蛛科、跳蛛科、平腹蛛科这六个科中多多少少都包括一些蛛食性的蜘蛛。那么蛛食性的蜘蛛为何散见于数个科中？虽然至今未有明确的答案，但这至少是探讨蜘蛛在习性、食性上的演化的好题材。考虑到捕食性昆虫的主要猎物也是昆虫，蜘蛛食蛛也就不算很特殊的习性，或许，甚至所有的蜘蛛多多少少都带有一点蛛食性吧！

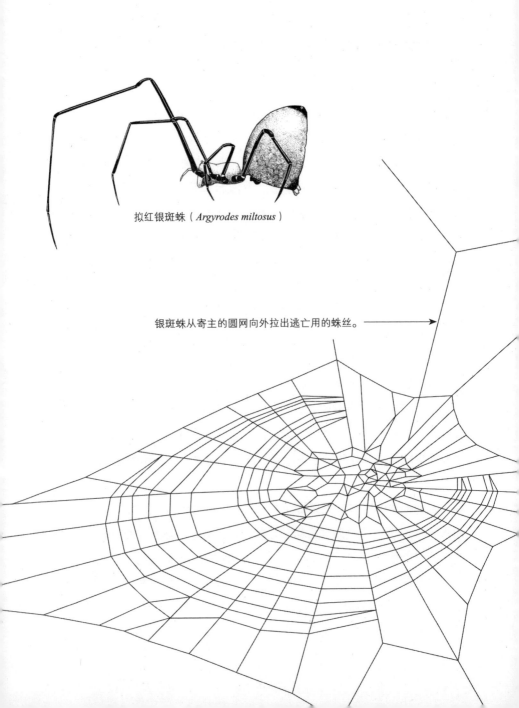

不受欢迎的同类——银斑蛛

前面“非致命性的敌害”中介绍了一些小偷型的昆虫，在此继续谈以小偷方式利用其他蜘蛛求生的蜘蛛，那就是银斑蛛属（*Argyrodes* spp.）。它们多分布于热带地区，中国台湾已知至少有白银斑蛛（*Argyrodes bonadea*）、黄银斑蛛（*Argyrodes flavescens*）、兰屿银斑蛛（*Argyrodes lanyuensis*）等五种。它们多见于斑络新妇、园蛛等编织的圆网上，被蜘蛛主人发现时，它们也不会拉着蛛丝跳出网外或直接掉下去逃跑。这是因为银斑蛛的身体比蜘蛛主人小许多，通常只有主人的十分之一；又因为它们在蛛网上走路时很慎重，很少被主人发现。而且银斑蛛所取食的猎物通常是主人觉得太小而不想取食的小昆虫。不过有时它们也偷偷靠近主人正在取食的猎物，偷吃其中一部分，完全是以小偷的形式在主人的蛛网上活动。

并非所有的银斑蛛都如此守本分，例如裂额银斑蛛（*Argyrodes fissifrons*）便是相当凶暴的寄居者，它通常寄居于漏斗蛛、皿蛛、云斑蛛等蜘蛛没有黏性的蛛网中。有些银斑蛛通常也以小偷的形态出现，有时在蜘蛛主人的蛛网里公开抢夺或掠食主人已捕到的猎物。比如蜘蛛主人和银斑蛛同时发现猎物，主人已经用蛛丝捆绑住猎物开始取食，而银斑蛛也想用蛛丝捆绑猎物时，双方就会展开一场食物抢夺战。不久，银斑蛛固定好自己的蛛丝后，就爬到蜘蛛主人旁边，开始咬断主人立足处附近的一些蛛丝。如此一来，主人失去立足的根基，脚下不稳，银斑蛛就能轻易地把猎物拉到自己的身旁，占为己有。

还有另一种掠取的情形。当蜘蛛主人把捉到的猎物搬到蛛网中央

拟红银斑蛛（*Argyrodes miltosus*）

银斑蛛从寄主的圆网向外拉出逃亡用的蛛丝。 ⟶

开始取食时，来迟一步的银斑蛛便静静地走近蛛网中央，在离猎物约三四厘米处，等候掠取的时机；此时如果刚好又有一只猎物撞进蛛网，蜘蛛主人会依惯例把正在取食的猎物用蛛丝吊在蛛网中央，并赶到新的猎物被捕的现场，而银斑蛛就会立刻把吊在蛛网下的猎物拉上来，带着它离开蛛网中央。

不单如此，银斑蛛有时甚至会在蜘蛛主人因蜕皮而无力反抗时趁机捕食蜘蛛主人，犯下从小偷变成"杀人犯"的暴行。此种习性表现最为明显的是双尾银斑蛛，它平常虽然以小偷的形态偷吃主人的食物，却也常常趁主人专心捕捉猎物时，偷偷地接近房东，然后突然抛出黏丝，猎捕房东。由此可知银斑蛛的取食习性从小偷型、强取掠夺型到蛛食型，有数种"不劳而获"的寄生类型。于是专家们认为，这种劳动寄生乃从小偷似的寄生开始，之后逐渐演变为蛛食型。为了偷吃主人的食物，银斑蛛必须有轻步走路及配合蜘蛛主人的行为等功夫，由此逐渐发展出悄悄接近房东、偷袭房东的技巧。

但也有专家认为蛛食性才是寄居性的起源，后来逐渐发展为寄居性；因为如果先吃了蜘蛛主人，自己却没有捕猎能力，等于断绝了食物来源，所以从长远来考虑，最好的方式是把蜘蛛主人豢养在自己的活动范围内，利用蜘蛛主人的捕猎能力来获取食物，由此最终走上寄居之路。

其实这两种说法听起来都有道理，但却未有定论，因为有关银斑蛛的生态、习性，目前资料还太少，大多为片段式的观察报告。只靠这些就想回溯银斑蛛的起源和发展演变过程，实在太难了。

蜘蛛与昆虫的斗智

在野外观察蛛网时，不难发现蛛网附近往往有不少昆虫走动、飞翔。但是真正被蛛网粘住的虫子并不多，由此推测昆虫一定有一些避开蛛网或被粘住后还能脱身的本事。从蜘蛛的行为观察，蜘蛛得到猎物的过程可分成两个阶段，第一阶段是猎物飞进蛛网，第二阶段为猎物飞进蛛网后蜘蛛来进行处理。就结网型蜘蛛而言，当它在容易获取猎物处结网之后，就只能被动地等待猎物来临，到第二阶段才有机会发挥它敏捷猎取的技巧。

造网场所是影响捕猎量的重要因素之一，而另一重要因素则为圆网的构造，即径丝与纬丝的数目，以及纬丝的间隔距离等。在实验中采用径丝、纬丝间隔距离不等的圆网，分别释放小果蝇，然后调查小果蝇的被捕率，结果发现蛛丝间隔愈小，捉到的小果蝇数目明显愈多，但间隔缩小到一定程度后，捕获率就不再明显上升。蛛丝间隔愈小，昆虫碰到蛛丝而被捉的概率愈高，这是可以想见的。然而蛛丝过密时，飞到蛛网前面就马上改变飞翔方向回避蛛网的小果蝇数目也会增加。由此推测，过密的蛛丝反而让昆虫容易发觉蛛网的存在，造成捕获率降低。

由此可知，蜘蛛结网时必须考虑到两个互相矛盾的问题：既要提高捕获效率，又要不易被昆虫察觉。至少对以白天活动的昆虫为猎物的蜘蛛而言，这是必须克服的问题。其实这与猎物昆虫的飞翔方式也有密切关系。如花虻常飞到蛛网前面，在空中悬停后就回头飞走，很少被蛛网粘住；蝴蝶之类的视觉也相当发达，到了有蛛网处会忽然改变高度，越过蛛网飞去。最容易捕捉到的反而是甲虫、椿象之类，它们常常像喷气式飞机向前猛冲，当发现前方有蛛网时，已无法回避而一头撞进蛛网中。

至于猎物昆虫被蛛网粘到后如何脱困呢？如果是体大力壮的昆虫，经过短暂的挣扎，就会成功脱身。因此，猎物能否成为蜘蛛的食物，还要看蜘蛛处理的方法与速度。如果蛛网做得够坚固，猎物不易脱身，就不必那么慌张地处理猎物。但制作坚固的蛛网不但会影响蛛网的可视性，还需要大量的蛛丝，这将使蜘蛛在体能上付出更多，这些因素极大地限制了蛛网的坚固程度。解决此问题的办法之一，就是蜘蛛感觉到猎物发出的信息后立刻赶到现场，趁猎物脱身前让它动弹不得。虽然此时的处理方法因蜘蛛的种类及猎物的大小而异，但整个过程通常只需要一两秒钟；这短短的时间也是猎物脱身的唯一机会，因为蜘蛛一赶到现场，就会立刻用蛛丝捆住猎物并注射毒液，让猎物动弹不得。脱身动作最快的应是蝶、蛾一类，因为它们翅膀上被覆鳞粉，只要把被蛛网粘住的鳞粉留在蛛丝上就可脱身，所以详细观察蛛网时，不难发现其上有蝶、蛾类留下的一些鳞粉。蜂类也算动作敏捷，它们靠飞翔用的发达肌肉振翅脱离蛛网。但摇蚊、大蚊之类由于飞翔能力较差而不易脱身。蝗虫等直翅目昆虫，由于庞大的身体会粘住多条蛛丝，也属于不易脱身的昆虫；它们虽然能以后脚跳跃，但是在空中踢脚根本毫无助力，也甚难逃生。此外，椿象、粗脚步甲等会以化学战的方式逃生，也就是在蜘蛛靠近时分泌一些有恶臭的物质，阻止蜘蛛靠近，借以延长挣脱的时间。

尽管昆虫为了逃离蛛网而发展出数种脱身的功夫，但蜘蛛为了迅速到场获取猎物，也有它的绝技。虽然蜘蛛编织圆网，但很少看到正圆形的网，大多数圆网呈下方略长的卵形，而蜘蛛就停留在较靠近上面的网心部位。那么圆网为何呈下方较长的卵形，而蜘蛛又停在较靠上方的位置？我们用德氏近园蛛（*Parawixia dehaani*）来测定蜘蛛从圆网中央分别向上方和下方接近猎物的速度，发现向下冲的速度比向上快1.5倍；再测定到达圆网各部位的时间，会发现蜘蛛蛰伏的位置正好处于中心点，从这里它能以相同的时间到达圆网的各部位。此外，大多数编织圆网的蜘蛛会把它的头部朝向下方，停在蛛网中央，这种位置和姿势也与在最短时间内赶到蛛网各角落的战术有关。

第八章　蜘蛛的保命策略

逃走和抵抗

　　自然界有不少动物以蜘蛛为食，蜘蛛则有各种保命的方法，其中最基本的就是远离敌人——逃走。其实这是整个动物界通用的法则，因为敌害通常比较体大力强，要和它比力气是输定了，不如逃为上策。

　　蜘蛛不但以四对步足逃跑，还能利用蛛丝降落到地上，尤其巨蟹蛛要降落逃走时，还会向左右展开四对步足以增加空气阻力，如降落伞般缓缓降到地上。拥有隧道状巢网的漏斗蛛遇到敌人则会先跑进巢网中，因为巢的底部还有一个洞，漏斗蛛可由此再跳出地面逃跑。游猎型的跳蛛不但爬行，还以跳跃方式迅速逃走。生活在水边的狼蛛、盗蛛，不但可跑到水面上，逃命时还能潜水，尤其潜水性盗蛛之类，通常具有潜水一个小时以上的能耐。此外，就像蜥蜴、壁虎或螃蟹之类会主动切断自己的尾巴或身体的一部分，趁敌人注意掉落的部分时逃之夭夭，在部分蜘蛛身上也能看到这种自切现象。危急时蜘蛛自行断掉一只步足，利用剩余的七只步足快速逃跑。断肢的肌肉会立刻收缩以阻止体液流失，因此对蜘蛛本身并无大碍，而且失去的步足会随着以后的蜕皮而逐渐再生，例如在若蛛初期切断的步足，到了成蛛期就失而复得了。

　　虽然逃跑是蜘蛛回避敌害时的基本动作，但由于蜘蛛本身体形较小，纵然拼尽全力，也只能以每秒数十厘米的速度疾跑，而且这种快跑只能维持十秒钟。在这种不利的情况下，很难逃离体形比它大好几倍的敌害的攻击范围。

　　如果逃亡不成，到了紧要关头，蜘蛛往往会采取反击，此时蜘蛛最重要的武器便是螯肢。蜘蛛的螯肢虽有捕获猎物的功能，但遇到体形比它们大数倍的动物，就顶多起到威吓的效果。除了捕鸟蛛等巨型蜘蛛外，蜘蛛的螯肢对捕食者其实不具有什么杀伤力。而螯肢分泌毒液本来只是为了麻痹猎物，毒性有限。这与胡蜂、蜜蜂为了攻击取食幼虫或是盗蜜的小偷而发展出蜂针大不相同，其毒液自然也有明显的差异。

　　蜘蛛较为特殊的防御方法是，到了最后关头露出鲜红色的螯肢以威吓对方，或者像一些花皮蛛那样吐出含毒的口水击退对方。但这些有黏性的口水，虽是捕捉猎物用的利器，但对大型的捕食者到底会起到多大的威吓作用，令人怀疑。比较起来，一些捕鸟蛛体表的螫毛倒是更积极有效的防御方法。有些捕鸟蛛的螫毛上有逆刺状突起，一旦受到攻击，螫毛自动脱离并插到攻击者身上，用这种方法防御小型的哺乳类动物似乎相当有效。这些螫毛还会自动脱离身体，似尘埃般飘浮在空中。如果吸入螫毛，立刻会让人感觉喉咙疼痛或是产生类似花粉症的症状；若飞进眼睛，往往引起严重的结膜炎。捕鸟蛛的这种战术，针对与之十分接近的敌害是很有效的防御方法，但也是将捕鸟蛛作为宠物饲养者应提防的事。总之，躲在自己的巢网中是蜘蛛最常用的保命策略。看来，蜘蛛虽具有捕食多种小型动物的凶暴面貌，但也有缺乏自保能力的软弱一面。

保护色与警戒色

　　有些动物体内有毒或是具有带苦味的物质，它们为了避免捕食者的攻击，常常故意以鲜艳的体色、斑纹来强调自己的存在，这种鲜艳的色彩叫作"警戒色"。相反地，有些动物体内无毒，也没有带苦味的物质，它们的体色常与栖息环境的色彩非常相似，由此起到隐蔽作用，使捕食者不易找到，这种体色叫"保护色"。虽然警戒色与保护色的表现方式完全相反，但两者的目的都是为了保护自身，此类保护策略在动物界相当常见，对蜘蛛而言自然也不例外。

　　首先谈一下警戒色。曲腹蛛的外形十分类似一块鸟粪，依靠这种伪装，它们能成功回避捕食者的攻击。但汤原曲腹蛛（*Cyrtarachne yunoharuensis*）、长崎曲腹蛛（*Cyrtarachne nagasakiensis*）、对马瓢蛛等反而有鲜艳的体色和斑纹，这样的外表让它们看起来很像鸟类忌食的一些味道不佳的瓢虫，因而可凭借拟态瓢虫的警戒色保身。斑络新妇、金蛛之类白天编织大网并停留在圆网中心，再加上黑色的身体，配上黄色等条纹，更突显它们的存在，但人们认为这种显眼的色彩对鸟类来说也是一种警戒色，因为鸟类很敏感，又极讨厌粘上蛛丝、蛛网。为了捕捉猎物，蛛网往往必须透明，但为了避免鸟类撞破蛛网，大概就得以这样的体色向鸟类提出警告吧！

　　其实，这类利用警戒色保护自身的蜘蛛的例子并不多，但利用保护色的蜘蛛却相当常见。这或许是因为利用保护色的隐蔽效果不但能够保护自身，也有助于接近猎物或让猎物接近，兼具自保与猎捕的用途。例如常在叶片上活动的五纹园蛛、黑斑园蛛（*Araneus mitificus*）、蟹蛛科的绿蟹蛛（*Oxytate* spp.）等都是绿色，又如停在树干上的树皮园蛛、泥蟹蛛都呈褐色。

　　在英国工业区一种变成黑化型的尺蠖蛾，是动物随环境的变化改变体色而达到保护效果的最有名例证。由于尺蠖蛾翅膀颜色的变化过程、机制、效果等，在不少生物学书籍上已有介绍，在此不必重述。而类似现象也发生在跳蛛身上，分布在英国北部的斑马跳蛛（*Salticus cingulatus*），原本身体颜色是黑底白条纹，在长有苔藓的石墙上活动时呈现出很好的保护效果；但随着工业发达，栖所受到煤烟污染后，斑马跳蛛的身体竟由本来的黑底白条纹变成全黑。

借由拟态瓢虫的警戒色保身的蜘蛛

十三星瓢虫（*Synonycha garndis*）

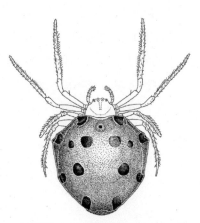

对马瓢蛛（*Paraplectana tsushimensis*）

变色龙最有名的是可以配合周围的环境，在短时间内改变体色。目前已知也有十多种蜘蛛拥有这样的特技。例如球蛛科的珍珠银板蛛，在它褐色的身体上配有银色的斑点，只要带银色斑点的部分扩大，它看起来就像一只银色的蜘蛛；但当它受到刺激逃避到叶片下或阴暗处，斑点部分立刻缩小，它又转变成褐色的蜘蛛。蟹蛛科的三突伊氏蛛、钳形伊氏蛛变色反应虽然不如珍珠银板蛛那么迅速，但也会配合周围花朵的颜色，在数日内改变体色。但是如果破坏这些蟹蛛的单眼，它们就失去了变色的能力，由此可见它们的体色改变要依靠视觉反应。另外，一些皿蛛、园蛛、肖蛸等虽然不能改变全身的体色，但受到刺激时也会扩大腹部腹面的黑色纵条，使腹面呈现全黑。由于这些蜘蛛都是结网型蜘蛛，因此这种反应主要是针对来自腹面的敌人而采取的隐蔽和保护措施。

虽然本节中以肯定的口气说这是"警戒色"，那是"保护色"，但要正确判断其实并不容易。至少必须先考虑蜘蛛在野外活动的环境，如分布在马来半岛密林里的一种肖蛸，除了腹端为红色，全身都是鲜艳甚至带点光泽的蓝色。我们判断这种体色应该具有警戒色的效果，但经光学专家的研究，在色彩饱和度甚高的森林里，这种蓝色对光线的反射性甚弱，反倒有隐蔽自身的保护色效果。其实这些结果也是我们从人类的视觉经验分析得来的，蜘蛛的主要敌害如鸟类、蜥蜴等，眼睛的色彩分析能力与我们人类完全不同，它们在不同的环境中容易识别哪些颜色，又是另外一个课题。

伪装与拟态

保护色使身体颜色与活动场所的色调一致而起到隐蔽作用，确实是良好的自卫方法。但如果连外形也类似周遭的东西，效果应该会更好。例如昆虫中的枯叶蝶、尺蠖蛾幼虫、竹节虫等，不胜枚举。这种自卫的方法我们叫作"伪装"。虽然有人把它叫作"拟态"，但这种说法有点问题，因为拟态是指一种生物在外形、体色上模拟另一种能够吓退敌害的动物，让敌害以为它是有毒、味苦甚至具有危险性的动物而不想接近。以此方法避开敌害捕食才是拟态。真正有毒或味道不佳的被模仿者叫作"被拟态种"或"模型种"，而假冒者叫"拟态种"。由此可知，在拟态现象中必有拟态种和被拟态种两种。而在前述的枯叶蝶、竹节虫的自卫方法——伪装——中，并不存在被拟态种，更何况被拟态种本身具备有毒、味道不佳等自卫办法，它们虽然不怕敌害，却担心天敌认为它们是没有危险性的食物，所以多具有鲜艳的警戒色。而采用伪装策略的动物们，为了隐蔽自己，多半还是具有保护色型的体色。

在第四章"伪装是最佳的打猎策略"中，曾介绍类似花朵形状的蟹蛛类，它们的确是善于伪装的好例子。又如编织圆网的艾蛛类，在圆网的中心形成一根垂直的丝带，丝带上沾些食物残渣，自己躲在残渣中，看起来就像是尘埃，的确不易被发现。瘤蟹蛛也是伪装的能手，顾名思义，瘤蟹蛛的外形甚似叶片上的小块鸟粪，因为没有鸟愿意啄食鸟粪，所以这是一个极佳的伪装方法。另一方面，有些苍蝇、蝴蝶为了从鸟粪中摄取盐类而飞来，瘤蟹蛛便可趁机捕食这些被骗的昆虫。

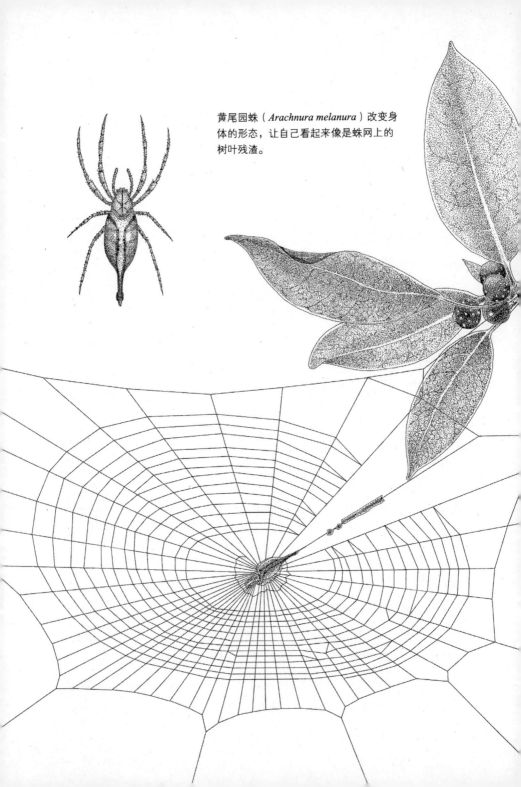

黄尾园蛛（*Arachnura melanura*）改变身体的形态，让自己看起来像是蛛网上的树叶残渣。

菱球蛛是另一个伪装能手，如前面的一个章节所述，它简陋的蛛网只由一两条蛛丝组成，但它宛如一根松针般静止在蛛网上，一边隐蔽自己的存在，一边等候猎物的光临。

另一种类似伪装的自卫方法是假死。有些蜘蛛受到刺激时并不逃跑，它们的肌肉立刻产生硬化现象，由此从蛛网掉到地面。由于此时四对步足都缩在身旁，蜘蛛混在地面的土粒中，看来就像是一块土粒，根本不会被敌害发现，加上假死现象总是出乎捕食者意料之外，这更增加了蜘蛛逃生的机会。假死现象在多种艾蛛、园蛛及幽灵蛛身上都能看到，尤其是热带的幽灵蛛，竟有近两个小时装死不动的记录。

如此看来，无论伪装、拟态都是自卫的好办法，那么为什么不是所有的蜘蛛或其他动物都采用此种战术来自卫呢？因为采用这种战术必须付出相当大的代价。先就伪装而言，伪装的功夫愈好，愈限制动物的活动范围。例如完全伪装为一根松针的菱球蛛，它们的活动范围只限于松林，若是跑到阔叶树上倒是突显出它的存在；松林以外的沙地、草丛，更不是它们能够活动的地方。再者，求偶时同种之间互相认识的效率也会大打折扣。树叶虫就是最好的例子，叶䗛（俗称叶子虫）是竹节虫类的一群，但它们的腹部宽大，甚至还具有叶脉般的脉纹，是生态学书籍中常提到的最佳伪装能手。由于它们形状酷似树叶，如果将多只叶䗛放在一个盒子里，食叶性的叶䗛往往误以为同伴是树叶而开始互食。而蜘蛛由于视觉并不发达，但到了近距离还是以视觉来判别对象，要分辨出伪装的同类可能会更加困难吧。

模仿别人优点的拟态代价更高。拟态的基本原则是，捕食者要品尝过被拟态种、学到教训后拟态才会产生效果，而且效果随着捕食者尝到苦头的次数增多而加强；因此拟态种的产生，在时间上不能早于被拟态种。此外，拟态种的种群数量不可多于被拟态种，因为被拟态种的只数愈多,捕食者尝到被拟态种苦头的机会愈多,这样拟态种才能得到更佳的拟态效果。若是拟态种多于被拟态种,捕食者攻击拟态种的机会较多,就会以为具有这种外形、体色的也是好吃的猎物,如此一来拟态的功夫就完全白费了。由此可见,拟态种势必要控制自己的种群数量,在后代的繁衍上也付出了相当大的代价。

拟态蚂蚁的蜘蛛

如果让同样大小的蚂蚁和蜘蛛来角力，哪一方会赢？或许蜘蛛会赢，但蚂蚁是社会性昆虫，它们常以团队行动，靠它们的攻击性和"蚁海战术"，在自然界是相当强势的动物。或许因为这个原因，蜘蛛平常不太喜欢捕食蚂蚁，许多种类的蜘蛛总是回避蚂蚁。但另一方面，有些蜘蛛却在形态甚至行为方面模仿蚂蚁，和蚂蚁保持着密切关系，这种现象在动物学上叫作"蚂蚁拟态"（Myrmecomorphy）。这种现象不只发生在蜘蛛身上，至今已知另有螨类和甲虫等多种昆虫、五十科二千种以上的节肢动物，都以拟态蚂蚁的方式生活。在蜘蛛当中，在拟平腹蛛科、跳蛛科、蟹蛛科等十科中已发现有蚂蚁拟态现象。虽然说都是与蚂蚁保持拟态的关系，不过它们在内容、程度上却各不一样，从最单纯的嗜食蚂蚁开始，到在蚁巢附近或蚁巢中生活，甚至形态酷似蚂蚁、完全表现出拟态特性，形式不一而足。其中典型的拟态蚂蚁的蜘蛛种类应是跳蛛科的蚁蛛类和蟹蛛科的食蚁蟹蛛（*Strophius nigricans*）。

蚁蛛类多分布于非洲、热带亚洲地区，在已知的约二百种中，有六种在中国台湾也有分布。它们多在树上活动，除非它们吐丝从树上吊下来，否则看起来真像一只黑色的蚂蚁。分布在马来半岛的一种蚁蛛，外貌酷似缀蚁，能够在缀蚁巢穴附近的灌木枝条上另结棚网生活。缀蚁是体长约十二毫米、以凶暴闻名的蚂蚁，它们只要稍微遭到惊动，马上就会一大群出动攻击对方。但缀蚁绝对不会攻击蚁蛛，反过来，蚁蛛也不取食缀蚁，两者之间好像有一种互不干涉的关系。当我们惊蚁蛛雌雄的外形差异颇大，它们分别模拟不同类型的蚂蚁；即使是同一种雌蛛，彼此的色彩差异也很大，但它们仍然可以找到色彩与之相对应的蚂蚁。

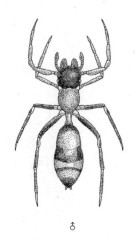

♂

♀

无刺蚁蛛（*Myrmarachne innermichelis*）

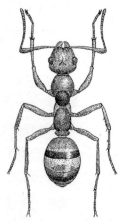

日本黑褐蚁（*Formica japonica*）

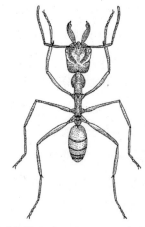

山大齿蚁（*Odontomachus moticola*）

动蚁蛛时，从棚网中冲出来的蚁蛛不但没逃走，反而还举起第一对步足，展示出与缀蚁完全相同的攻击姿势。

跳蛛科另一群拟态蚂蚁的蜘蛛是翠蛛（*Siler* spp.）之类。它们具有带光泽的红色或蓝色斑点，外观并不太像蚂蚁，但大多与蚂蚁在相同的地方活动，并经常偷袭蚂蚁幼虫当作食物。通常跳蛛之类都具有发达的视觉、敏捷的行动与捕猎能力，但食蚁性的蚁蛛为了拟态蚂蚁而具备了细长的步足，已失去跳跃能力，除了蚂蚁之外，也只能捕猎摇蚊等又小、活力又差的猎物。

蟹蛛科的食蚁蟹蛛只分布于中、南美洲，它们也是取食蚂蚁的蜘蛛。有的食蚁蟹蛛不但外形酷似疲蚁，胸部侧方还具备数支刺状突起。它们出没在疲蚁巢窝附近，以疲蚁为主要食物。它们捕食蚂蚁时，必从蚂蚁的背后偷偷地接近而发动突袭；有时还会在头胸部盖着疲蚁的尸体，佯装正在清理同伴尸体，在疲蚁巢中自在地走动。

另一类拟态蚂蚁且具有食蚁性的蜘蛛属于拟平腹蛛科，它们多生活在热带地区的石头、落叶下。它们步足上具有构造特殊的毛，由此可分泌出一种抑制蚂蚁攻击的物质。其实蚂蚁与拟态蚂蚁的蜘蛛对细微的腺体气味的运用，是很多擅长化学战的动物也望尘莫及的。蚂蚁为了保持它们的社会组织，分泌出数种激素，为了认识同一个巢中的成员，每一只蚂蚁的体表上又都具有该蚁巢的成员特有的碳氢化合物，因此蚂蚁常以触角触摸对方的身体，以确认是否属于同一蚁巢的成员。虽然我们还不能确定拟态蚂蚁的蜘蛛是否利用类似的激素或是模拟蚂蚁体表的碳氢化合物来保持与蚂蚁之间的关系，但在一些嗜蚁性的昆虫身上已证实有此种现象存在。当然探讨这些问题需要一些高度专业的技术，不过研究下去必有丰硕的成果。

　　无论如何，就蜘蛛而言，能够与拥有一万多个种、个体数量达天文数字的蚂蚁维持共生关系，一定会带来很多好处。但目前只有一小部分蜘蛛和蚂蚁成功建立了关系，由此推测蚂蚁仍然是一种不容易相处的敌人。不过，与蚂蚁共生，蜘蛛或许不必花费那么多精力就能够生活与繁衍下去了。

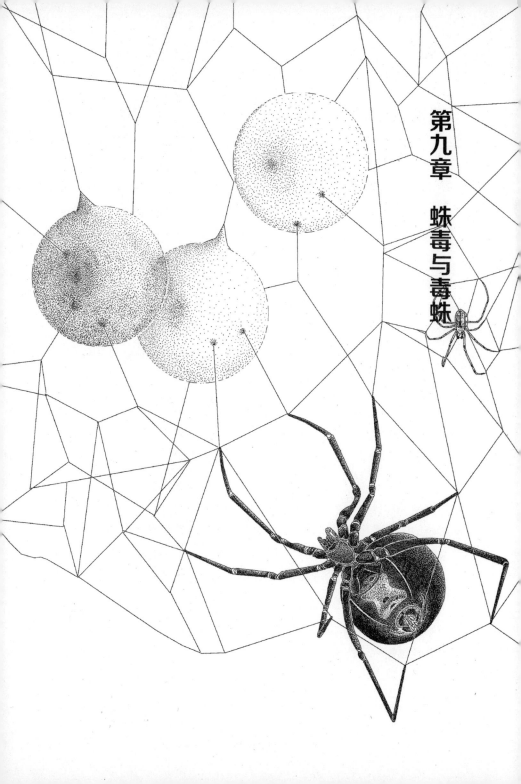

第九章　蛛毒与毒蛛

关于蛛毒

在近五万种蜘蛛中，除了妩蛛科和安蛛科全古蛛属的蜘蛛外，其他蜘蛛为了捕杀或麻痹猎物，都或多或少具有蛛毒。其中据记载对人类有危害的共有178种，但真正被认为有危险性的只有37种，占所有蜘蛛的0.1%。其他蜘蛛虽然有毒，但对我们并不会造成威胁。

根据古生物学者的推测，在古生代出现的蜘蛛祖先是没有毒的。然而在演化过程中，为了提高捕猎效率，蜘蛛把部分消化液转变为有毒物质，从螯牙的末端分泌出来。通常不会利用蛛网捕猎的游猎型蜘蛛对蛛毒的依赖程度较高，毒腺也较发达。毒腺所分泌的蛛毒经过螯牙内的细沟送到螯牙末端，由此注入猎物体内。捕鸟蛛、温顺沟穴蛛[1]等大型游猎型蜘蛛的毒腺很大，往往长达12毫米，直径可达1.5毫米，螯牙也长达10毫米。但有名的毒蛛——黑寡妇的毒腺仅长2毫米，直径仅0.3毫米，螯牙长度也只有0.4毫米。其实螯牙的大小并不代表毒性的高低，蛛毒的成分因蜘蛛种类而有相当大的差异。但无论如何，蜘蛛的主要猎物是昆虫，因此蛛毒的成分以阻碍昆虫肌肉功能的神经系统毒素为主。例如，黑寡妇的蛛毒主要由四种有毒成分组成，其中三种确实对昆虫有毒，而最后一种会对人类产生神经毒的作用。分布于北美洲的刺客蛛之毒液中，含有数种与龟壳花蛇毒作用相同的成分，可以破坏人体组织，严重阻碍肝脏、肾脏的功能。分布于澳洲的一种蛛食性蜘蛛——灯蛛常活动于厨房里、墙壁上，它的毒液中也含有一

---

1 属名 *Bothriocyrtum*，为沟穴蛛属，根据种加词 *tractabile* 的意义，暂译为"温顺沟穴蛛"。

种细胞毒，因而被它刺咬后，要完全康复需要很长的一段时间。蛛毒在捕猎上的确是有效的利器，但蜘蛛捕猎昆虫时，未必都像黑寡妇、灯蛾等使用强力的神经毒，目前认为蛛毒是蜘蛛为了防御蜥蜴等捕食者而演化出来的自卫性武器。

毒蛛的种类不多而且大多分布于特定的地区，除非刚好生活在该地区，否则并不会受到太大危害。另一方面，以黑寡妇为例，它虽是有名的毒蛛，毒性为等量的响尾蛇蛇毒的15倍，但黑寡妇的体长只有1.5至2毫米，明显地比响尾蛇小许多，黑寡妇刺咬时，注入我们身体里的毒液量自然也少得多，因此毒性也有限。加上目前针对每一种恶名昭彰的毒蛛，几乎都已开发出可用于治疗蜘蛛咬伤的抗毒性血清，对我们来说，就像是有了一颗定心丸。

因为蛛毒原本就是蜘蛛为了杀死昆虫而开发出来的武器，所以一些毒理学专家便摸索着利用蛛毒的成分，开发出新型的杀虫剂。这些来自大自然的杀虫剂，施用后不久即会分解，不留下残毒，更不会产生环境污染。而且蛛毒能在消化道中被分解，万一鸟类等动物啄食了中毒的昆虫，也不至于引起二次中毒，因此"蛛毒杀虫剂"可说是对大自然生态系统冲击极小的杀虫剂。另外，就像蜂针疗法一样，从蛛毒对神经系统的作用出发，尝试利用蛛毒来开发防治中风、老年痴呆症的药物，也在一些医药公司中积极进行。

蛛毒一方面确实是一种可怕的物质，但另一方面也是甚具开发价值的天然资源。只不过至今有关蛛毒的研究并不像对蛇毒、蝎毒、蜂毒等那样深入，其最大原因不外乎搜集研究材料——蛛毒——之难。由于许多种类的蜘蛛体形小而且不易大量饲养，为了顺利进行实验，还需搜集足量的蛛毒。如果能够克服这一点，在蛛毒的开发利用上就会有突破性的进展。

塔兰图拉蛛之误传

对蜘蛛略有兴趣的人一定看到过塔兰图拉蛛（tarantula[1]）的名字，但它到底是什么样的蜘蛛？查看一下英文词典，不难读到如下的描述："一种大型、多毛、咬人甚痛而有毒的蜘蛛（南欧产的有毒大蜘蛛）"。此外还可查到类似的字眼：毒蛛舞蹈症（tarantism，又名塔兰图拉症），其解释为"一种跳舞病（据说是被塔兰图拉蛛咬到后引起的）"；还有意大利的快速旋转舞及其舞曲"塔兰提拉"（tarantella）。翻开《大英百科全书》，其中对"塔兰图拉蛛"一词也有类似的描述："人们曾认为被一种狼蛛（*Lycosa tarantula*）咬到后，会引起一种毒蛛舞蹈症。得了该病后，病人一边哭泣一边跳起激昂无比的舞蹈，一直跳到晕倒后才能康复。"由这些资料可知，塔兰图拉蛛是分布于欧洲南部的一种有毒的大蜘蛛，人被它咬到后将产生一种类似快速旋转的舞蹈症。但第一个疑问是，在南欧究竟有没有如此大型的剧毒蜘蛛？此外，目前我们所谓的塔兰图拉蛛反而是南美、非洲产的捕鸟蛛之类的蜘蛛，它们既多毛，体形又大。这两者之间到底有何关联？不管如何，我们先从南欧产的所谓毒蛛来追究其底细。

早在古希腊、罗马时代就有关于"塔兰图拉症"这种怪病的记载："被这种蜘蛛咬到的人会一直跳到晕倒为止"。而后至中世纪，在塔兰图拉蛛的毒性及人被咬到后出现的病征上出现了更夸大的描述：被咬到的人会陷入忧郁，并进入宛如麻醉般的无感觉状态，但对音乐的感

---

1 又译作捕鸟蛛。

知力会大为提高，尤其听到自己喜欢的音乐时，将心生喜悦而骤然起舞，此时曾被咬过的人也会参与狂舞，一直跳到疲倦不堪倒地为止，而后才能康复，除此之外别无其他有效的疗法。一些音乐家开始为此舞蹈配乐，并将舞曲取名为"塔兰提拉"。围观的参观者也会受到舞曲魅惑而热情地加入舞蹈，因此形成一个狂欢忘我的跳舞群——"塔兰图拉症候群"。不过，狂欢跳舞一般认为可以使体温上升，血管贲张，有助于排解毒性。

当时认为引起"塔兰图拉症"的真凶是南欧产的一种狼蛛，这种狼蛛虽然在南欧算是大型的蜘蛛，不过体长也仅二至三厘米。狼蛛咬人也只会带来短暂的疼痛，绝不至于让人痛到跳起舞来，更不会引起致命性的中毒病征。

但是这种狼蛛为何如此恶名昭彰？主要原因可能是，有名的昆虫学家法布尔在其闻名遐迩的《昆虫记》关于毒蛛的章节中夸大其词地介绍了两种狼蛛（*Lycosa taratula* 以及 *L. narbonnensis*）。这两种狼蛛在南欧算是较大型的蜘蛛，它们栖息于地面裂缝中，利用周围的杂草筑巢，在巢穴开口周围建盖城堡般的草垛。它们虽然多在晚间活动，但白天有从它们的"城堡"顶楼探出头部守候的特异习性。对观察昆虫的习性、行为甚有经验的法布尔当然没放过这两种狼蛛的特殊习性，但他在记述中对狼蛛的毒性加油添醋，使这两种狼蛛从此威名远播。

著名的英国博物学家贝茨（H. W. Bates）在1864年出版的《亚马孙河上的博物学家》中有这样一段记载："在卡密塔（位于巴西北部亚马孙河畔），看到一个原住民的小孩用绳子绑着一只大蜘蛛，像牵狗一般牵着它走路。在此地也看到一种大蜘蛛捕捉莺鸟。"关于捕鸟蛛的说法至少是从此开始的。不难推测，这种巨大而凶暴的蜘蛛，由此与欧洲传说中的毒蛛产生了某种联系，于是塔兰图拉蛛之名竟渡过了大

塔兰图拉蛛（tarantula）

西洋，而将南美产的大蜘蛛以此命名。因此在美国的《百科全书》中出现如下记述："塔兰图拉蛛，属于捕鸟蛛科中的一群，多分布于热带、亚热带地区……生活在亚马孙地区，大型种，体长约9厘米，步足展开近25厘米，通常取食小蛇、蜥蜴、小老鼠等，大型者也有捕鸟蛛（bird spider）之称，会捕食雏鸟……"

　　简单来说，可能是因为贝茨对亚马孙地区大型蜘蛛的描述，而使之与欧洲传说中的毒蛛联系起来，随后塔兰图拉蛛这个名字远渡大西洋，加在当地的大蜘蛛身上。了解其中缘由后，应该可以为分布于南欧的狼蛛"洗刷清白"了吧！

塔兰图拉蛛正传

南欧产的"塔兰图拉蛛"原来不过是在传说中被夸大的无毒蜘蛛，那么南美产的塔兰图拉蛛又是什么？根据一些词典上的描述，它是指"大型、多毛、咬人甚痛而有毒的蜘蛛"。其实在热带、亚热带有不少被称为塔兰图拉蛛的蜘蛛，它们多为捕鸟蛛科（Theraphosidae）大型、多毛的蜘蛛，捕鸟蛛科已知约有一千种，其中三百种即是通常被称为塔兰图拉蛛的蜘蛛。如前文所述，在贝茨的《亚马孙河上的博物学家》中有关于大型蜘蛛取食小鸟的记述，虽然目前认为这部分记述过于夸张，但"捕鸟蛛"之名无疑由此产生。事实上，这些大型蜘蛛反倒是一些鸟类喜欢的猎物。

所谓"塔兰图拉蛛"包括约三百种蜘蛛，小者体长只有1至2厘米，最大者达到10厘米，体重可达85克。其广泛栖息于自热带雨林至干旱之地，生活方式有树栖型、游猎型、土中结巢型等，塔兰图拉蛛为多毛之蜘蛛，体毛的变化相当多，从纤长细毛到宛如绒布般柔软短毛等都有。目前至少有二百种塔兰图拉蛛出现在宠物市场上，由此状况即可得知，它们大多是很有看头的大蜘蛛。

那么它们到底有没有毒？被它们咬到会不会感觉剧痛？先从第二个疑问来说，由于蜘蛛是捕食性动物，为了捕捉较大的猎物，大型蜘蛛常具有大型螯牙，有些竟然长达1厘米，一旦夹到人，让人感觉剧痛至少是不容置疑的。但它们只对捕食对象才会有敏捷的攻击性，面对庞大且不能作为猎物的人体根本不会主动攻击。它们的活动时间主要在晚上，而且多半在树干、地表徘徊。当它们为了捕猎爬行时，便利用嗅觉以及长在体表上的毛，还有爬行时拉出的蛛丝所感觉到的振动，敏捷地捕捉猎物；遇到无法捕猎的大型动物时，通常只举起并展开螯牙与前足，做出威吓的姿势，部分种类此时会从螯牙溢出毒液，只有在不能击退对方的最后关头才刺咬。因此除非是采集或是饲养操作不当激怒了它，它很少刺咬人类。虽然如此，大型塔兰图拉蛛的螯牙较大，刺咬时注入的毒液量也比小型种多，引起一些症状是在所难免的。

整体而言，塔兰图拉蛛并不具有使人致命的毒性，这也是塔兰图拉蛛可当宠物的原因之一。不过它们的毒性还是会因个人敏感性而有差异，有些人被刺咬时，会有感觉剧痛、发烧或患部红肿等现象，但通常此种病征不久就会自然消失。但是万一被大型的塔兰图拉蛛刺咬到，由于其又大又长的牙容易造成很深的伤口，为了避免因其他病原菌由此侵入而带来意外的麻烦，给伤口消毒还是很重要的。

虽然大多数塔兰图拉蛛只是体形大，长得奇形怪状，外表有时给人一种可怕的感觉，但是其中也有真正可怕的种类。那就是分布在澳大利亚的阿氏蛛（*Atrax* spp.，又名悉尼漏斗蛛）。这种蜘蛛的雌蛛体长5厘米，雄蛛体长2厘米，在塔兰图拉蛛中算是偏大型的蜘蛛。它的头胸部为具有光泽的褐色至黑色，腹部黑色呈绒毛状，螯肢周围有红色毛丛，看起来相当漂亮。它常在地下筑造深达30厘米的纵向长条形洞巢，但也会在院子里的石块、倒木下筑巢。它多躲在洞中等候猎物，但雄蛛到了夏天为寻偶到处徘徊时，颇具攻击性，因此有人整理庭院时偶尔会遭到攻击。1972年间在澳大利亚东南部的新南威尔士州，共有十一个因遭其咬伤而死亡的病例。被咬伤者先会产生流涎、口吐白沫的病征，接着因中枢神经系统受阻的状况而引起精神错乱并陷入昏迷状态；幼童在一个半小时内、成人在三十个小时内宣告死亡的病例极多。但澳大利亚目前已针对这种蜘蛛开发出抗毒血清，所以它们的威胁已不再那么可怕了。

澳洲的阿氏蛛（*Atrax* sp.）

恶名昭彰的黑寡妇

对蜘蛛略有了解的人一定也听过"黑寡妇"的名字。它的确是有名的毒蛛，但什么蛛叫作黑寡妇，又为什么叫作黑寡妇？本节就由此谈起吧。蜘蛛中所谓的寡妇类，是属于球蛛科的寇蛛属（*Latrodectus* spp.），它们在地面凹陷处利用草叶、落枝所形成的小空间，以黏性较弱的蛛丝编织形状不规则的巢网。它们体长多在5毫米左右，腹部膨大呈球状，步足细长，第四对步足的最末端一节具有形状特殊的锯齿状毛。

至今为止，寡妇类蜘蛛的分布地区为包括中国台湾在内的热带至温带地区，目前已知共有三十余种，其中毒性特强而且最为有名的是分布在北美的黑寡妇。由于黑寡妇栖息的场所以厨房、马厩、水房、车库、房屋附近的物品堆积处等为主，十分接近我们居住与活动的范围，因此在其分布地区，人们有时会遭遇毒蛛之吻。但其实它的猎物仍以昆虫、马陆之类的动物为主。1995年在日本的大阪，人们发现红背黑寡妇随着进口的物品入侵日本，当时曾就其食性进行较详细的调查，并列举出94种小型动物，包括蜘蛛类、鼠妇、马陆、蜻蜓、椿象、蝴蝶、甲虫、蚂蚁、蝇类等尤其是夜间受灯光诱导而掉落在地面上的小昆虫。

那么它们为何被叫作"寡妇"呢？此名称来自英文的widow spider。1726年在美国出现首例有人遭黑寡妇刺咬的报告，当时是以"黑蜘蛛"之名称呼它。而后在对其生态习性的观察中发现，雄蛛以倒立的姿势将触肢插入雌蛛的生殖口交配，之后身体便倒向雌蛛螯肢附近，让雌蛛取食。此种行为在动物行为学上叫作"交配自杀"

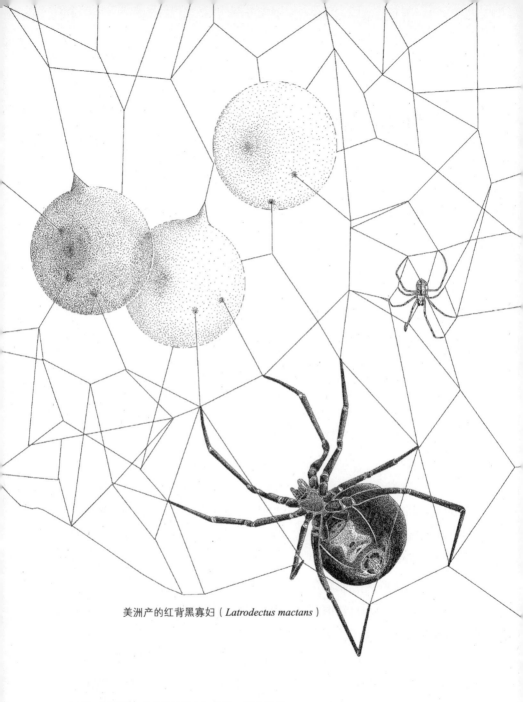

美洲产的红背黑寡妇（*Latrodectus mactans*）

上图：腹部膨大呈球状是黑寡妇类最明显的特征。

（copulatory suicide）。不管这种自杀行为是否经常发生，观察发现，雌蛛一旦交配后往往很快就变成寡妇，加上它们的身体呈黑色，所以给它们取名为"黑寡妇"。

遭黑寡妇刺咬时，起初只感觉到一点点痛痒，像针刺般，甚至没有任何痛觉，但不久便开始剧痛，严重时下腹、手脚部位的大块肌肉开始硬化，并出现嗳气、恶心、心跳加速、血压升高、头痛、流汗、呼吸困难等症状。通常经过二三天即可康复，但有时会因呼吸困难而使病情变得很严重。例如在1950至1959年的十年间，美国共有六十三人遭黑寡妇刺咬而死亡。但自从黑寡妇抗毒血清开发成功以后，现在已经很少有人因黑寡妇刺咬而死亡。

其实几乎每一起刺咬案例都是雌蛛引起的，这是因为雄蛛的毒腺会随身体的成熟而退化，它们即使捕猎时也不使用毒液。成熟期的雌蛛拥有长2.7毫米、直径0.4毫米的大型毒腺，而体形与雌蛛不相上下的雄蛛，其毒腺的长度与直径分别为0.6毫米与0.16毫米，大小只有雌蛛的十六分之一。

在中国台湾已正式观察记录到有红背黑寡妇分布，但是这种蜘蛛并不常见，而且该种与分布于澳大利亚的黑寡妇（*Latrodectus hasselti*）是不同的种类，台湾产的红背黑寡妇毒性不像澳大利亚的那么高。甚至，台湾的种类在自然条件下或许无法顺利繁殖，观察到的那些可能都是若蛛以飘浮的方式，在偶然的状况下从外地迁入的。

虽然寡妇蛛有一点潜藏的危险性，但从刺咬引起的病例数来考虑，其危险程度还是比胡蜂低了许多。

台湾传说中的毒蛛——达尔摩斯

在前文中已介绍过台湾也有寡妇类蜘蛛，但其危险性仍无定论。此外，在台湾还有一种毒性未有定论的毒蛛，那就是大疣蛛科的霍氏大疣蛛（台湾地区称赫尔斯特上户蛛）。这种蜘蛛体长约4至7厘米，算是很大型的蜘蛛，头胸部、腹部及四对步足都密生着黑褐色至黑色的又长又粗的毛。腹端具有一对由三节构成的特长的纺器，从背面看，好像有一对粗大的尾毛。霍氏大疣蛛通常栖息于石灰岩、泥板岩洞穴或多石砾的地方，形成漏斗状的网巢，网巢大者直径达50厘米，漏斗部分的开口直径也有10厘米，深达40厘米。当昆虫落在网巢上时，霍氏大疣蛛会跳到网上以毒牙咬死猎物，并将猎物搬到巢中取食。霍氏大疣蛛的产卵期一般在二月，产下的卵囊内约含有五百粒卵。

目前霍氏大疣蛛只分布于中国台湾与日本冲绳之八重山群岛，在台湾北部山坡地带只是偶尔能采到的稀有种，但在南部山地较为常见。台湾南部山地的原住民将这种蜘蛛称为"达尔摩斯"，认为只要被该蜘蛛咬到就在劫难逃，甚至有踩踏达尔摩斯走过的足迹也一定会死的说法。虽然人们极度害怕它，但至今并没有因被它咬伤而死亡的真实记录。据曾经被咬过的人表示，被咬后三十分钟内感觉到刀割一般的剧痛，手被咬伤三天后仍觉麻痹。有人脚趾被咬伤，十分钟后伤口红肿剧痛，以致寸步难行，之后又并发腹痛、精神萎靡、嗜睡、恶心、呕吐等症状，但也有到第二天已完全康复的报告。这种症状上的差异，常因个人的敏感性以及被刺咬的程度，当然还有看到达尔摩斯怪异的模样所引起的心理恐惧感而有所不同。

那么达尔摩斯的正式名称上为何有"霍氏"或"赫尔斯特"等字眼？原来这是为了纪念日本殖民统治时期来台活动的动物采集家赫尔斯特（P. A. Holst），他是首次采集到这种蜘蛛的人。英国蜘蛛专家波科克（Pocock）将赫尔斯特的名字作为种加词，将这种蜘蛛的学名定为 *Macrothele holsti*，于1901年发表在英国的动物学杂志上，因此才有了霍氏大疣蛛或赫尔斯特上户蛛的名称。波科克在1901年发表的这篇报告，也是有关中国台湾产的蜘蛛的首篇学术性报告，因此不管达尔摩斯是否真的那么可怕，这种蜘蛛在台湾蜘蛛学界都是非常值得纪念的。

达尔摩斯（*Macrothele holsti*）

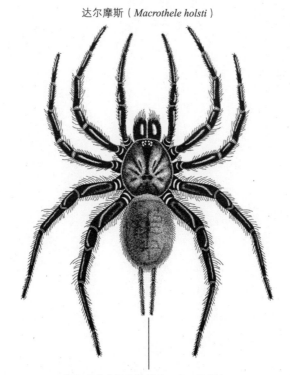

腹部后端的纺器特别长，由三节构成。

　　有人认为赫尔斯特是瑞典人或挪威人，出生年月不详。目前有限的资料表明，赫尔斯特在日本各地完成采集后，于1893年来到台湾，以中、南部为主，进行各种动物的采集工作，来台后他给自己取名为"何必虞"。后来只知道他在1895年，也就是日本侵占台的同一年春季，病殁于台湾。虽然他在台湾的采集只有短短两年，但其间的采集成果相当丰硕，除了上述的霍氏大疣蛛，还有台湾熊蝉、台湾爷蝉、红艳天牛、台湾画眉鸟等不少物种，都是根据他在台湾采集的样本，作为新种向动物学界发表的。尽管有关赫尔斯特的事迹尚有很多不详之处，但他对台湾动物研究的贡献是不可抹灭的。

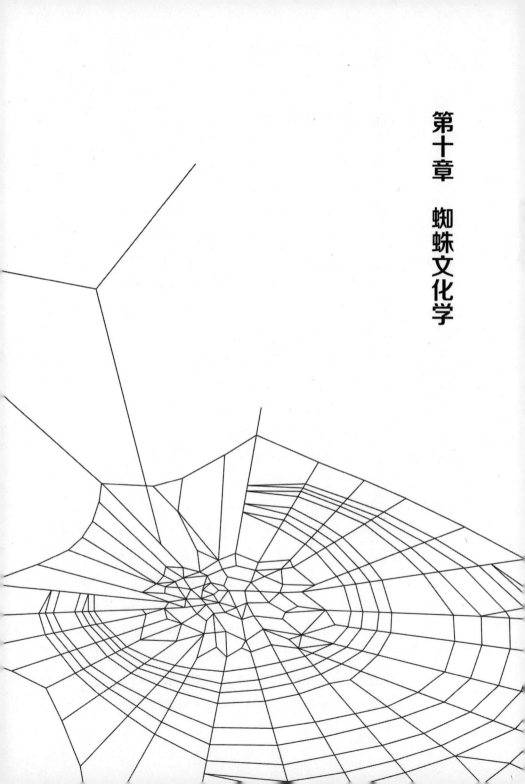

第十章　蜘蛛文化学

溯寻历史中的蜘蛛

　　许多种类的蜘蛛都会编织蛛网，因此是相当明显的生物，自古就受到人们的注意。公元100年左右的《说文解字》一书中，以"丝虫"来称呼蜘蛛，充分表现出蜘蛛吐丝的习性。此外又有蟢子、蟏蛸、蠾蝓、网工、蠾蝓、喜母、蟠蝥、亲客、鼅鼄、蝥、蟢、蝃、喜文、蠾蝥、蟏蝥、网虫、社公、蚰蠊等不同的名称，全都代表现在的蜘蛛，由此可知蜘蛛自古就是大家十分熟悉的动物。

　　现在我们常用的"蜘蛛"这个名字，直到1716年的《康熙字典》中才出现。那么为何叫作蜘蛛？主要是因为它们会捕杀昆虫，即"知"道"诛"虫之术，因而得名为"蜘蛛"。其实更早以前蜘蛛便被认为是带来升官、发财、避灾、来客等吉兆的动物，因而有蟢子、蟢母、亲客等名称。例如《蒙阴县志》中有如下一段："厄井在县东北二十五里，汉高与楚战败，遁匿此井，鸠鸣其上，蜘蛛网其口。追者至，以为无人，遂去。汉高因得脱。今井旁有高帝庙。井在神座下，俗呼蜘蛛井。"又在《琅嬛记》中有如下一则："昔有母子离别，母每见蟏蛸垂丝着衣，则曰：'子必至也。'果然，故名曰'喜子'。子思其母亦然，故号曰'喜母'。均之一物也。"由于过去为了担任公职、出征打仗，亲人之间常饱受离别之苦，而垂丝着衣之"丝"意喻为同音之"思"。蛛丝预示离别的亲人即将回到家里，家人的喜悦之情自然溢乎言表。后来范围又从亲人扩大到客人，因而蜘蛛又成为来客的前兆。如此看来在中国的传统文化中，蜘蛛代表吉兆，一点都不惹人厌。

　　在西方国家的动物分类学上，蜘蛛隶属于节肢动物门（Arthropoda）

蛛形纲（Arachnida）蜘蛛目（Araneae）。所谓的节肢动物包括蜘蛛、昆虫、蜈蚣、马陆、虾、蟹等一大群步足有分节的动物，"Arthropoda"正是由希腊文的arthron（意思是关节）和pous（脚）组合而成的。其实在动植物的名称中，来自希腊文或拉丁文的字眼相当多。那么代表蜘蛛的 Arachnida 究竟从何而来呢？研究蜘蛛的蜘蛛学叫作 Arachnology，也与这个词有不浅的因缘。

在希腊神话中，雅若琴（Arachne）是土耳其西南部小镇利替亚（Rydia）一个女孩的名字。雅若琴的父亲经营一家染织店，而她具有极高的织布技术，闻名于全国。有一天司掌学问、技艺的女神雅典娜向雅若琴挑战织布的技术，结果被雅若琴打败。雅典娜大怒之下便把数滴魔水洒到雅若琴的脸上，结果雅若琴的头发、耳朵、鼻子一一消失，整个身体变成一个肉块。雅若琴从此成为蛛形，被迫终生为了织布而吐丝结网。

不过这个故事还有另一种版本。在与雅典娜的比赛中，雅若琴织出一条讽刺雅典娜行为的布料，雅典娜虽欣赏其高超的织布技术，但受到侮辱仍大为震怒，一气之下撕破了雅若琴的作品。在严重打击下雅若琴上吊自杀，雅典娜看到雅若琴上吊，甚为同情，便饶了她一命，不过却把一种毒药——乌头的汁液洒在她的身上，使她身体缩皱，变成一只蜘蛛。于是至今蜘蛛还吊在半空中，从腹端吐丝纺织蛛网。

东西方蜘蛛名称的起源虽有不同，既有吉祥的象征也有悲剧的结束，但都凸显了蜘蛛吐丝的习性，显见以前的人对自然界还是颇富观察力的。

蜘蛛民俗志

　　前文中提到蜘蛛在中国为吉祥的象征，因此自古就有"乾鹊[1]噪而行人至，蜘蛛集而百事喜"之说法。

　　蜘蛛"兆喜"的观念大概是来自它们纺丝的本领，中国自古就有利用蜘蛛乞巧的风俗。人们看到蜘蛛能织出形状规则的蛛网，感到十分惊讶，认为这一定是天赋异禀。因此王充在所著的《论衡》中竟以感叹的口气，如是称扬蜘蛛之本领："观夫蜘蛛之经丝以罔飞虫也，人之用作，安能过之？"认为蜘蛛的智能远超过人类。感叹惊讶之余，先人们也希望从蜘蛛身上学到这种本领，以应付复杂的人生。因此在《荆楚岁时记》中就有如下的记载："（七月七日）是夕……陈瓜果于庭中以乞巧，有喜子网于瓜上，则以为符应。"唐朝宫廷也盛行这种习俗，据《开元天宝遗事》记载，玄宗与杨贵妃每至七夕，都要在华清池畔游宴。宫女们在庭中陈列瓜果酒肴，向牵牛、织女星祈恩。彼时宫女们各捉蜘蛛于小盒中，次日清晨打开盒子检视蛛网之稀密，以判断是否得巧，密者巧多，稀者巧少。后来此风俗渐行于民间，遂以蜘蛛造网为喜兆。至宋朝，富贵之家也继承唐朝的习惯，每至七夕，捉小蜘蛛放在金银制的小盒子中，次日清晨看蛛网形状，认为形愈圆者得巧愈多。由此，乞巧的标准从唐朝时看蛛网的致密度逐渐改为看蛛网形状，尤其到了《蜩笑偶言》，则有："七夕乞巧，使蜘蛛结万字。"由于万（卍）字本来是佛教中吉祥的标志，朝廷用于表示江山

1　又作"干鹊"，指喜鹊。

永固，一般民众则用于表示子孙繁荣、富贵安康，蜘蛛结网形成万字，可谓巧中之巧，正是福寿千秋的象征。

蜘蛛的出现以及结网多被认为是吉兆，但结网的时间也是决定吉凶的另一关键，自宋朝就有"今人以早晨见到蜘蛛为喜，晚见为常"的说法。或许是受中国文化的影响，日本也有类似的说法。日本人认为早晨看到蜘蛛吊丝为吉兆，并以蜘蛛为来客的象征，因此旅社、商店等珍视一大早出现的蜘蛛，甚至把早晨的蜘蛛当财神，将它用纸包起来揣在身上，或供奉于佛像旁。不仅在中国、日本流行把蜘蛛当财神或吉神的观念，在英国至少也有如下四种说法：1.若想长寿而幸福生活，不要杀死蜘蛛。2.蜘蛛停在衣服上可有一笔收入。3.把蜘蛛放在钱包时，不会缺零用钱。4.蜘蛛从天花板吊下来停在身上时，可得一笔遗产。但蜘蛛若在晚上出现就不那么幸运，虽然部分地区也认为是吉兆，然而很多地方却认为蜘蛛吐丝下吊像小偷潜入的行为，是遭遇小偷的前兆，因此杀死夜蛛的习俗也相当盛行。

虽然这些民间风俗大多缺乏科学根据，但自古认为蜘蛛的一些行为可预测天气，这倒有些科学上的根据。大致而言有以下说法：1.蜘蛛张网时会天晴，收网时会刮风。2.蜘蛛张网表示要下雨，并且在低处张网时雨较少，在愈高的地方结网时雨愈大。3.蜘蛛在低处造巢时会刮强风。在英国也有如下"看蛛观天气"的原则：1.蜘蛛吐出短丝时会刮风下雨，吐出长丝时会天晴。2.蜘蛛停止不动时会下雨。3.蜘蛛在雨中开始活动，雨不久就会停止。4.蜘蛛在傍晚修补蛛网，晚上会天晴。5.游丝下降表示晴天。由于蜘蛛对空气的流动、变化极为敏感，因此上述气象预测的准确度相当高。

文艺作品中的蜘蛛

若把《圣经》《古兰经》当成文艺作品来看，或许有不当之处，但这些经典是了解古代中东地区的生物所不可或缺的资料。在《旧约全书》"乔布记"第八章自第十三至十四节就有一段："凡忘记神的人，景况也是这样。不虔敬人的指望要灭没，他所仰赖的必折断，他所倚靠的是蜘蛛网。"类似的说法在《古兰经》中也能见到，在第二十九章"蜘蛛"的第四十一节，就有如下的记述："有些人，舍真主而别求监护者，他们譬如蜘蛛造屋，最脆弱的房屋，确是蜘蛛的房屋。假若他们认识这个道理，就不会崇拜偶像了。"无论是《圣经》还是《古兰经》，都以蛛网来形容脆弱。再回到《旧约全书》，《以赛亚书》第五十九章第五至六节说："他们抱毒蛇蛋，结蜘蛛网。人吃这蛋必死，这蛋被踏，必出蝮蛇。所结的网不能成为衣服；所做的也不能遮盖自己。他们的行为都是罪孽，手所做的都是强暴。"清楚说明蛛网是不能织布的材料。但如后面"蛛丝的利用"中所述，蛛丝不但主要成分为丝蛋白，和蚕丝相同，而且比蚕丝更为强韧；至今虽未商业化生产，但在18世纪时已出现利用蛛丝制作的袜子、手套。

让我们回到文艺作品。以蜘蛛为主角的著名作品之一，是1912年出版的童话《蜜蜂玛雅的冒险》。在童话中蜘蛛扮演反派的角色，主角蜜蜂玛雅在流浪中不小心被斑络新妇的蛛网粘住，幸好路过的粪金龟帮忙救了它一命。由于童话中的斑络新妇被描述得极为阴险、狡猾，从此很多小孩对蜘蛛产生了极坏的印象。而1967年美国出版的《把脚插入白云中》则是根据美国原住民的传说改编的童话，叙述一个小孩进入昆虫的世界，在独角仙、蚂蚁、蜘蛛的协助下打败恶兽的故事，里面也出现了名为"雅若琴"的蜘蛛。在这篇童话中，蜘蛛当然扮演了正派的角色。

在有关蜘蛛的文艺作品中，日本小说家芥川龙之介所著的《蜘蛛之丝》是特别值得介绍的。[1]其大意为，有一天释迦牟尼在极乐世界莲花池畔散步，从莲叶的间隙窥视地狱的情形，看到一个名叫犍多陀的无恶不作的大盗贼，和其他很多罪人在地狱的血池中挣扎。由于犍多陀生前曾在森林中救过一只蜘蛛的生命，释迦想到犍多陀的这一善行，为了救他便吊下一条蛛丝。犍多陀抓住蛛丝拼命地往上爬，爬到一半看看下面，发现很多在血池中挣扎的罪人们也跟着他爬上来，他心想如此一来纤细的蛛丝不久一定会断。于是犍多陀大声地喊："这是我的蛛丝，你们通通滚下去！"此时蛛丝便从犍多陀手抓的地方断掉，包括犍多陀在内，大家又全掉进血池中。犍多陀只求自己平安而没有慈悲的观念，终究受到应得的报应。

另一位日本作家小松左京则根据芥川龙之介的这篇故事，写出较富幽默感的续篇。小松认为在这种情况下犍多陀愤怒地大喊是理所当然的，再者，对于曾在人类社会中尝过各种冷酷滋味的罪人们来说，给他们完全不可能实现的希望，更是非常残忍的事。于是小松在他作品的后半段完全改变了犍多陀与释迦的立场。在小松的作品中，释迦为了救犍多陀，吊下蛛丝，此时释迦不小心掉进血池中，犍多陀为了救释迦而吊下蛛丝，结果许多罪人也跟着释迦爬上蛛丝。见此情形，释迦喊出与犍多陀完全相同的话，于是又掉回血池中。

至于大陆的文艺作品中有没有出现蜘蛛的例子呢？因为笔者较少接触大陆的作品，不得而知，还希望读者们提供这方面的数据。

---

1 关于这篇小说的取材存在诸多争议，有人认为来自西方作者写的东方故事。

可当食物、药材的蜘蛛

　　蜘蛛确实比昆虫少见，加上蜘蛛是捕食性动物，在自然界栖息的只数显然比植食性昆虫少得多，因此蜘蛛无法成为如飞蝗、蛾类幼虫一类的较为普遍的食用性动物。但在历史、民俗资料中仍能发现一些有关的记录。笔者所找到的最早的相关资料中记录，古代希腊亚历山大大帝（公元前356—前322年）远征埃及时，遇到一个很美丽的娼妓，她自小就有取食蜘蛛的习惯，因此她流的汗水中常有蛛毒，与她接触的人会中毒而亡。因此，亚历山大的幕僚们严格监视并预防亚历山大与此娼妓接触。取食蜘蛛是很特殊的习俗，但沾到蛛毒汗水便能伤害人，目前从科学依据上来说是完全不可能的事。另外，在欧洲近代史上也可找到一些嗜食蜘蛛的名人，但取食蜘蛛到底还是很特异的习俗。

　　中南半岛自古盛行取食昆虫，在当地的昆虫食谱中也屡见蜘蛛。例如，在泰国东北部有生吃或烤食斑络新妇腹部的记录，据说味道类似新鲜的马铃薯或甘蓝。体长达6厘米、体重35至40克的大型捕鸟蛛是中南半岛居民的另一种佳肴，料理时得先去掉触肢等后，用火烧掉体毛，以食盐调味后和去籽的辣椒一起吃。在食谱中也能看到捕鸟蛛的卵，尤其蜘蛛卵囊被认为是佳肴之一。马达加斯加岛上的原住民认为炸蜘蛛是一种佳肴，南美亚马孙河流域的原住民以火烧掉捕鸟蛛等大型蜘蛛的体毛后取食。其实取食大型蜘蛛的习俗在北美、澳大利亚、新西兰等地的原住民中都有记录，大型蜘蛛确实也是当地居民的重要蛋白质来源。但大型蜘蛛并非十分常见，说到底是可遇不可求，何况现在饲养宠物的风气大为流行，捉到捕鸟蛛后转手卖给宠物商，所得到的钱还能换取更多的食物。

将蜘蛛作为药材的历史相当悠久。早在公元1世纪，罗马帝国时代后期出版的《药物志》第二卷就有记述：将幽灵蛛或狼蛛与石灰拌在一起，在亚麻布上薄薄地涂一层，贴在太阳穴上，可预防因疟疾复发而引起的发烧；将这些蜘蛛的蛛丝贴在伤口上有止血的作用，也可治疗溃疡引起的发热。另一种体型细长的白色蜘蛛也可减轻疟疾所引起的发烧现象；在耳痛或全身发疹时用沸水煮该蜘蛛的蛛网，然后将其注入耳孔，可缓解耳痛等。至于疟疾的治疗，至近代在英国仍有将大型黑色蜘蛛封闭在布袋中，让它自然死亡，或以奶油包住活的蜘蛛将它吞下去的疗法。另有为治疗喘息而吞下做成丸子状的蛛网，或把蜘蛛和蛛网一起吞下用来治疗黄疸等民间疗法，英国到了近代仍然盛行。

由于蛛丝中含有起凝固作用的成分，所以确实有止血效果，早在莎士比亚的《仲夏夜之梦》中即已出现与之相关的剧情；欧洲自古以来一些木匠手指受伤时，也会用蛛丝贴住伤口来止血。

1594年出版的《本草纲目》"虫部"第四十卷中相关的记载有蜘蛛（包括蜕壳、网）、草蜘蛛（包括丝）、壁钱（包括窠幕）、蝎等四种，其主要适应病症分别为：蜘蛛，治疗疝气，蜈蚣、胡蜂、毒蝎之咬伤、刺伤、蛇毒、疟疾、中暑、脓肿，中药中所谓的"人中白"即以蜘蛛腹部捣成的黏状物质，用来制作治疗脓疡的膏药；蜕壳：治疗蛀牙；蛛网：用于给脓疡、刀伤等处止血；草蜘蛛：治疗恶性脓疡、切伤、疣肿，等等。另有以蛛网治疗健忘症的妙法，即在七月七日采集蛛网，趁患者不备时，将蛛网偷偷放入其衣领中。另有如下的退烧妙法：五月五日捕捉花蜘，以阳光晒干，放入红色绸布做的袋子中，在发烧时,男人吊在左侧,女人则吊在右侧,不过绝对不可让病人知道才会有效。

最近大陆江苏新医学院所编撰的《中药大辞典》(1977—1978年)及《中国药用动物志》第一册(1979年)所记载的药用蜘蛛中,包括跳蛛、蜘蛛(园蛛)、蜘蛛巢(园蛛网)、蜘蛛蜕壳(园蛛蜕壳)、大腹园蛛、迷宫漏斗蛛(漏斗蛛之一种)等名字。

冬虫夏草为昆虫被子囊菌寄生后长出子囊体的虫菌复合体,是自古有名的药材。其实会被子囊菌寄生的不只是昆虫,有些蜘蛛也会因子囊菌寄生而形成"冬蛛夏草",虽然子囊菌的种类不同。至今已知有超过一百种的冬蛛夏草,这些冬蛛夏草相当罕见,目前还在分类、形态描述的阶段,因此未见将冬蛛夏草用作药材的报道。但若继续调查研究下去,说不定会发现比冬虫夏草更有效的灵药。

蛛丝是未开发的天然资源

虽然《旧约全书》《古兰经》中将蛛丝描述为很脆弱的事物，但实际上蛛丝并非那么脆弱。相反地，蛛丝比尼龙、钢丝还要强韧，而且公认是所有人造和天然纤维中最为强韧的纤维。以十字园蛛的蛛丝为例，该蛛丝的直径只有0.003毫米，是我们头发丝的五十分之一，也是蚕丝的十五分之一，大约只要340克的蛛丝就可围绕地球一周（约4万公里）。蛛丝虽然如此纤细，但它能吊起体重0.5克的十字园蛛，若换成相同直径的钢线，只能吊起一半重量的东西。

蛛丝的性质不但因蜘蛛的种类而异，而且即使同一种蜘蛛吐出的蛛丝种类也有所不同。只要看看张罗在树枝上的圆形蛛网随风摇摆的样子，即知蛛网有很大的伸缩弹性。若把钢丝向左右拉开，拉到原来长度的约1.08倍，钢丝就会被拉断，而热带产妖面蛛的蛛丝可拉伸到原有长度的6倍。把蛛丝泡进水中，长度收缩到原来的百分之六十，但弹性却增加为原来的一千倍。这是只有在蛛丝上才能看到的特性，至今我们尚未开发出比蛛丝更强韧的人造纤维。

然而蛛丝的奥秘还不只如此。其实蛛丝的特性不止于强韧与弹性，它也有使物体缓慢着地的优异缓冲效果。如果蛛网只有弹簧垫般的弹性，飞进蛛网的猎物将被弹回去，因此蛛丝必须带有黏性，使猎物粘在蛛网上。但若只有弹性和黏性，蛛网受到猎物飞进时动能的影响，会一直向前后方向摇摆，由此增加蛛丝疲劳度，必会影响蛛网的质量，降低以后的捕捉效率。因此每当有猎物冲进蛛网时，蛛丝会将其动能的四分之三全部吸收。有了这样的功能，蛛网捉到猎物后只摇摆几下就会停下来，从而能让蜘蛛在蛛网上迅速处理猎物。

由于蛛丝具有上述特性，自古以来人类就千方百计想将蛛丝运用于生活中。至少在18世纪初期，一位法国人曾以类似于处理蚕丝的方法抽丝，纺织蛛丝，并利用蛛丝制造过几双手套和袜子。但如前文所述，蛛丝的直径只有蚕丝的十五分之一，如何以相同的机器、方法去抽丝、纺织乃是一大疑问。据另一位法国人估计，如果要获得一磅的蛛丝，大约需要七十万只蜘蛛（并未指明计算时所用的具体的蜘蛛种类）。在这种情况下，目前真正实用的只有黑寡妇的蛛丝，人们将它用在一些光学仪器的镜片上，作为划分视野用的十字线。附带说一句，现在唯一留存的利用蛛丝制成的纺织品为19世纪一位印度王公托人制造的一条手帕。[1]

从上述吸收动能的功能以及超级强韧度、弹性等系数来计算，如果能够利用蛛丝制造防弹衣，防弹衣的重量不但可以大幅减少，防弹效果也可提高到目前的七倍。从蛛丝适应的温度范围之大，也可考虑将其运用在降落伞的吊绳、太空工程或是建筑用材上。

由于蛛丝具备多种利用价值，有些人尝试过大量生产蛛丝，途径之一当然是大量饲养蜘蛛。但蜘蛛为纯捕食性的动物，在一个小空间内高密度饲养时，必会发生严重的互相残杀，因此很难建立合乎经济原则的大量饲养方法。另一个途径是对蜘蛛的造丝细胞进行组织培养，但此方法也未能得到预期的效果。因为蛛丝的主要成分为由二十多种氨基酸组成的一种丝蛋白，这种丝蛋白对蜘蛛也是甚为宝贵的资源。如前所述，蜘蛛编织新网时，多半回收旧网作为新网的材料，而且回收利用率高达百分之九十以上。在这种情况下，不补充原料根本无法

---

1 也有现代设计师用蛛丝编织衣服。

进行细胞组织培养。

　　不过最近生物科技及基因转移的技术似乎能够克服这个难关，一些专家从蜘蛛的染色体中找出控制蛛丝制作的遗传基因，也成功地把此基因转移到容易培养的微生物上，如此可让微生物大量生产蛛丝。但此种尝试仍在试验阶段，要到达实用阶段还有一段距离。不但如此，在将蛛丝变成产品之前，还要开发适合蛛丝的抽丝、纺织技术以及机器设备。如此看来，蛛丝开发还有很长的路要走。

宠物蜘蛛

最近正流行饲养捕鸟蛛等大型蜘蛛的风气。由于多数捕鸟蛛不但体形大而且形状怪异，饲养它可满足饲养者的好奇心，再加上若是饲养状况良好，雌蛛约有二十年的寿命，因此目前作为宠物的捕鸟蛛种类已达二百余种。虽然捕鸟蛛毒液的毒性高低因个体的敏感度相差很大而未有定论，但它的螯牙往往长达1厘米，若被咬上一口，不管分泌出来的毒液毒性如何，肯定都相当疼痛。另外，南美产的一些捕鸟蛛腹部具有蜇毛，如果插入我们皮肤中会引起相当严重的痛痒，加上这些蜇毛有时如飞尘般飘浮在空中，不幸吸进喉咙或进入眼睛将引起发炎或流泪不止。如此说来，饲养捕鸟蛛附带着一些危险性，不可轻易尝试。而且最近在捕鸟蛛的一些原产地，这种动物已被列为保护类动物，若不小心买来饲养，会因违反自然保护法而受罚。

至于其他小型的蜘蛛，虽然寿命顶多两三年，甚至不到一年，但上述的危险性相对较小，是比较合适的宠物。尤其是不结网的游猎型蜘蛛，只要在适当的温度、湿度下，就能在一个小盒子中饲养观赏。至于结网型蜘蛛，就需要较大的空间，不过相应地也能更明显地观赏它的捕猎、结网行为。由于多数蜘蛛的耐饿性相当强，一个礼拜中只喂食两到三次就能够让它顺利发育，是相当适合忙碌的人来饲养的宠物。

由于蜘蛛为狩猎性的动物，与其他狩猎性动物相同，通常拥有自己活动、狩猎的地盘（领域）。即使同一个种类的蜘蛛侵犯领域，也会引起一场斗争。利用这种习性，自古就有一些斗蛛的游戏。其中较为有名的为日本鹿儿岛县的一个小镇加治木町，这里利用雌性金蛛开展斗蛛活动，已有四百年的悠久历史。由于这种金蛛的雌蛛体长有两三厘米，而雄蛛只有六七毫米，根本不是雌蛛的对手，所以斗蛛都以雌蛛对雌蛛的方式进行。斗蛛活动在每年六月的第三个星期日举办，在此之前，人们将野外采集到的体大力壮之雌蛛，在家以苍蝇、金龟子等独家的秘方食物饲养一段时间，然后带到会场参加比赛。

比赛时，将两只雌蛛放在吊在空中、长约60厘米的棍子两端，然后想尽办法使它们靠近开始打斗。当其中一只不愿打斗而后退，或打不过对方而吐出吊丝往下逃跑时，比赛就宣告结束。虽然类似的斗蛛比赛也散见于日本其他地方，但分布于南方的金蛛较为大型而且发育也快，因此仍以鹿儿岛的斗蛛游戏最有名气。该金蛛也分布于中国台湾，与日本产的金蛛相比，说不定体形更大而且更早发生，如果能够举办中日两国的斗蛛比赛，我方获胜的机会应该相当大。

虽然斗金蛛是利用雌蛛打斗，但也有利用雄蛛比赛的游戏。跳蛛有很多种，不过大多为体长约一厘米、身体呈黑色的游猎型蜘蛛。虽然多数蜘蛛的视觉不太发达，跳蛛倒是例外，它的单眼能够识别物体的形状、颜色。当两只雄性跳蛛相遇时，双方以大眼睛互瞪，举起前足威吓对方，此时被吓住的雄蛛即后退逃走；当互不退让时，就进一步以前足压退对方，甚至抱在一起想要压住对方，被压住者或逃走者为输者。赢者还可参加以后的比赛，但输者就会被放回野外，因为它们的性情似乎不适合以后再参赛。虽然利用跳蛛打斗大多为小孩的游戏，但从将输者放归野外的情形看来，也算是很有人情味的游戏方式。

此外，还有数种利用蜘蛛的游戏，例如打开卷叶造巢的管巢蛛之卷叶，赶出里面的管巢蛛，让它们做追赶比赛等。如果要在比赛中占上风，则以参赛前营养条件较佳、体力充沛者更佳，这是普遍原则。其外，跳蛛的雄蛛前足之长短更是决定胜败之关键，而金蛛以抱卵中的雌蛛斗志较高。

防治农林害虫上的利用

由于蜘蛛以多种昆虫为主要食物，其中包括不少农林业害虫，因此蜘蛛在害虫防治上帮了不少忙。但评估蜘蛛在害虫防治上到底有多少贡献，其实并不是那么简单的事。

在谈这个问题之前，我们先看看在农田或林地里到底有多少只蜘蛛。根据对美国一片林地土壤的调查，每平方米中有60至180只（平均126只）蜘蛛，从干重上计算为25至65毫克，平均43毫克。这片土壤中生活的全部动物干重为842毫克，其中蜘蛛只占约5%，但在捕食性节肢动物中占到七成。由此可见在土壤生活的动物中，蜘蛛是重要的捕食性动物。如果将放射性同位素注射于树木中，可追踪调查该同位素经过树叶、落叶、腐食性动物，最后到达捕食性动物体内的含量。结果发现蜘蛛体内的放射性同位素只有最初的0.63%，如此看来它们对腐食性动物的捕食率并不高。但在自然界中，蜘蛛一直以捕食性动物的形态生活，它们对一些昆虫的捕食，确实会影响这些昆虫的繁衍。

黑尾叶蝉又名黑尾浮尘子，是有名的水稻害虫。它不但吸食水稻汁液，而且直接影响水稻的发育，也会传播一些水稻疾病。黑尾叶蝉对水稻而言是可怕的害虫，但在稻田里并不常见黑尾叶蝉大爆发。原因不少，而其中一个因素应是捕食黑尾叶蝉的蜘蛛。在台湾的稻田中，已知至少有六十多种蜘蛛，其中较为常见的两种是拟环纹豹蛛与红胸皿蛛，它们都以黑尾叶蝉为主要猎物。在一些调查中得知，黑尾叶蝉中8%到25%的成虫及5%到63%的若虫被这些蜘蛛所取食，由此可知蜘蛛对黑尾叶蝉有相当强的抑制力。当然这些蜘蛛也会取食水田及附近的其他昆虫，而这些昆虫的数量也会影响蜘蛛对黑尾叶蝉的取食量；更有趣的是，虽然拟环纹豹蛛在野外以黑尾叶蝉为主食，但在室内若只以黑尾叶蝉为食物来饲养，狼蛛的发育会愈来愈差，雌蛛的产卵数也愈来愈少。如果除了黑尾叶蝉，另外喂一些摇蚊等稻田里常见的双翅目昆虫，就会大大改善狼蛛的发育与产卵情形。狼蛛是取食多种昆虫的杂食性动物，由此看来它具有可利用多种食物资源的优点，但同时也会因食物单一而无法发挥它原有的潜能，唯有配合其他食物，才能获得营养上的均衡。这么说来，杂食性动物也有它的弱点。

斜纹夜盗蛾是危害多种农作物的大害虫，对豆科作物、蔬菜的危害尤其严重。雌性斜纹夜盗蛾交配后在菜叶上产下一块由数百粒甚至上千粒卵组成的大卵块，刚孵化的幼虫会暂时群聚在卵块附近取食菜叶，这些刚孵化的幼虫便是皿蛛很好的猎物。由于皿蛛是体长只有两三毫米的小蜘蛛，一次所取食的斜纹夜盗蛾的幼虫顶多是两三只，然而遭受皿蛛攻击而大受惊吓的幼虫会四处逃窜，甚至掉落在地上，而大部分刚孵化的幼虫又无法独立生存，因此在皿蛛较多的菜园中很少出现斜纹夜盗蛾大爆发。

如上所述，蜘蛛对农业害虫的爆发有相当大的控制力，但在害虫防治上要积极利用蜘蛛也会遇到一些实际上的困难。其中之一是许多杀虫药剂对蜘蛛有很大的杀伤力。为了防治害虫而喷洒杀虫剂时，蜘蛛的死亡率往往远超过害虫，如此使用一两次杀虫剂之后，就不容易再看到蜘蛛的活动。蜘蛛的捕食压力解除之后，反而更容易引起害虫后续的大爆发。由此可知，利用蜘蛛与喷洒杀虫剂无法并行。再者，蜘蛛的捕食量自有其上限，因为其他原因而导致害虫数量大为增加时，是无法只靠蜘蛛捕食来控制害虫的，这时也只能喷洒农药，但也将引起上述的害虫大爆发。另外蜘蛛的领域性较强，种群密度过高时易发生互相残杀，这就使得对蜘蛛的积极利用更加难以推广。为了克服这些难题，害虫防治专家们正绞尽脑汁以期找出两全其美的办法。

从除去蜘蛛的"处理区"与未除去蜘蛛的"对照区"，可看出蜘蛛与猎物只数的变化。

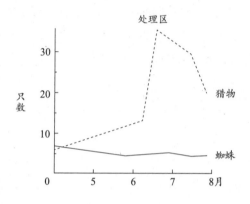

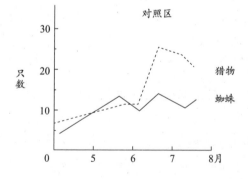

第三部分
自己动手篇

第一章　蜘蛛的采集

蜘蛛的主要食物是昆虫，有昆虫的地方一定有蜘蛛，所以不论草原、农田、森林，还是砂石路面、河畔甚至屋子里，都有蜘蛛的踪影。就算在同一片森林中，在树枝间，树皮下，树根、叶面、叶背上，落叶堆里，土壤、沙砾间，水边等处，只要栖息地不同就可能发现不同种类的蜘蛛。屋子里面也是一样，墙壁、天花板、地板上，厨房、洗手间、仓库、院子的各个角落，都可以发现不同的蜘蛛！

虽然我们可以参考昆虫采集方法来采集蜘蛛，但是有两点很不同。第一点是季节性。昆虫，尤其是成虫的出现大致在一定的季节，因此不在特定的季节很难采集到该种昆虫；但蜘蛛几乎没有这种季节性，夏天虽然是采集多种蜘蛛的最佳时期，但是我们终年多多少少都可以采集到一些种类的蜘蛛。

第二点是移动性。由于蜘蛛没有翅膀而且多为埋伏性的捕食者，其活动性和移动性远不如昆虫。当发现蜘蛛的时候，记得别慌张，也不必马上动手；除非惊动它，否则它多半会停留在原地不动。最好先观察它一番，然后才动手采集。留意它所停留的位置、场所和整个环境，看看它的姿势、行为，以及它制作了什么形状的巢。由于有些蜘蛛在用手触摸或酒精浸泡后体色会改变，所以采集之前对体色的观察与记录也很重要。还有一点需要注意的是，我们在采集蜘蛛时多以蛛网为寻找蜘蛛的线索，尤其是圆网，但在所有种类的蜘蛛中结网型蜘蛛不到一半，结圆网的也只是其中一部分。知道这一点，将有助于我们采集到更多种类的蜘蛛。此外，有不少游猎型蜘蛛昼伏夜出，因此傍晚、夜间、黎明时采集也是相当重要的。

如果以制作标本为目的来采集，最基本的采集用具为里面放有酒精的玻璃管或塑料管，即采集管。通常只要准备数支直径2到3厘米、长10到15厘米的采集管就可以。不过为了方便采集身体较小的蜘蛛，准备一些更小的管子更好。如果要杀死蜘蛛，采集管中的酒精可用浓度约为75%的乙醇代替，也可以用甲醇，但是绝不可以使用采集昆虫时所用的毒瓶。福尔马林也不适合用在蜘蛛的采集上，因为福尔马林的渗透力比酒精差，容易引起蛛体腐烂；加上用福尔马林浸泡会使蜘蛛身体和腿部的关节硬化，因此并不适于以后制作标本和观察标本的外部形态。

当采集主要是为了制作标本时，可以把所有的蜘蛛放在盛有酒精的大型管中带回，但是这样一来以后将很难区分在不同地点或栖息地采到的标本。所以最好还是多准备一些中小型的采集管，依照不同的采集点来放置所采到的蜘蛛，以方便日后整理。如果目的是采集活体蜘蛛，作为日后的实验材料，那么采集管里面不但不可以放杀蛛用的酒精，而且为避免它们自相残杀，最好将它们分别放置于未曾放酒精的采集管中。如果不巧所带去的管子不够用，必须要在一支管子内放入多只蜘蛛，记得要用棉花、叶片、杂草等隔开它们。放有活蜘蛛的采集管绝不能放在有太阳直射的地方，因为此举将导致管内温度骤升到四十摄氏度以上，管内的蜘蛛将会中暑而亡。

另外，像镊子、捕虫网和采集地栖性蜘蛛用的铲子等，也是主要的采集用具。捕虫网最好直径较小（约15到20厘米），柄也不要太长，这样会比较适合采集蜘蛛。采集的基本方法是用手直接去捉。但如果用手指头去捉，不但容易让蜘蛛跑掉，捉到时还可能被反咬一口，或者造成蜘蛛的步足折断。因此最好用两只手掌轻轻地将它包住，并赶

采集蜘蛛的基本装备

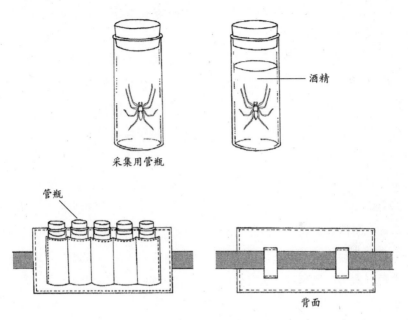

酒精

采集用管瓶

管瓶

背面

管瓶带（皮或布做的放管瓶用的带子）

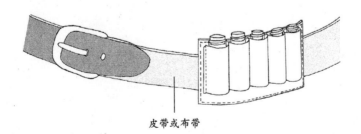

皮带或布带

紧放进采集管中，或直接将蜘蛛赶到管中。以捕虫网采集时情形也是相同的，将蜘蛛赶到捕虫网里面后，用手掌轻轻包住它，或直接将它赶入玻璃管中即可。

不论采集来的蜘蛛是用于制作标本的还是用来饲养的，有一点很重要，那就是带回去之后要马上着手整理。尤其是饲养用的蜘蛛，长时间被关在采集管等狭小的空间，必然影响蜘蛛的精力，连带影响了以后的发育甚至存活率，因此最好尽快将它安置在与它原本的栖息地类似的饲养环境中。

对已经浸泡在酒精中的蜘蛛也要注意类似情况。由于大多数蜘蛛的腹部相当膨大，内含不少水分，当我们把它浸泡在酒精中时，虽然有部分酒精渗透到蜘蛛体内，但此时蜘蛛体内的水分也会流入酒精里。于是采集管中酒精的浓度降低，进而减弱防腐效果。因此一定要尽快更换浸泡用的酒精。在这种情况下，更换酒精的频率与蜘蛛体形的大小有关，例如巨蟹蛛、斑络新妇等大型蜘蛛，每二到三天需更换一次酒精。如此反复五六次，蜘蛛体内的水分会完全被酒精取代，就可做成长期保存的标本。除此之外，对于蜘蛛外部形态和体色的描述、拍照等，应在它刚死亡时尽快进行，否则将无法准确地反映自然状态下的情形。

第二章　标本的制作

由于蜘蛛的外骨骼不像昆虫那么发达，无法只靠钉上针制成干燥标本，就算勉强做成干燥标本，不久头胸部、腹部也会萎缩，失去原来的形状。那就失去了制作标本的意义，因此蜘蛛标本还是以液浸标本为主。制作时可以先用热水烫死，或直接以酒精浸泡致死，再以浓度为75%至80%的酒精保存。从杀死蜘蛛到完成标本，中间还有更换酒精的过程，在前一个章节"蜘蛛的采集"中介绍过，在此不再复述。但要注意的是，为了省略更换酒精的过程，直接使用90%或更高浓度的酒精是不可行的。因为浓度过高的酒精会造成蜘蛛身体的萎缩，使得酒精更加不易进入体内，而无法达到防腐的效果。因此最好使用75%至80%的酒精，让酒精慢慢渗透到蜘蛛体内。经过这个过程处理过的标本，就可放置在大小适中的瓶中，以75%到80%的酒精保存，最后不要忘了附上采集记录标签。

另外，在长期保存用的酒精中，添加一两滴甘油，是值得推荐的措施。因为酒精易蒸发而使标本干涸，如果酒精中有了一些甘油，当酒精蒸发掉时，甘油还能被覆在蛛体表面，使它不致干涸。只要再添加酒精，就能使标本恢复原来的柔软性。

保存蜘蛛液浸标本用的标本瓶体积通常不大，里面的酒精往往没多久就会蒸发掉，因此要常打开瓶口添加酒精。此时若采用双重浸泡法，可省去不少麻烦。先准备一个较大的广口瓶，倒入浓度为75%到80%的酒精，然后在广口瓶中放入装有标本和酒精、以棉花塞住进行封口的小标本瓶。小标本瓶开口向下倒放入大型广口瓶中，如此，只

蜘蛛标本的制作

标签（放入瓶中）

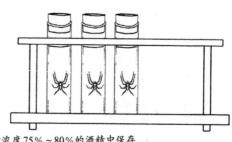

浸泡于浓度75％～80％的酒精中保存

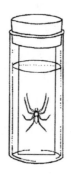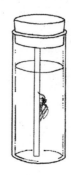

展示用标本（以
不溶性胶贴在玻
璃板上，再放于
管瓶中）

制作蛛网和蛛丝标本的两种方式

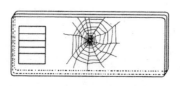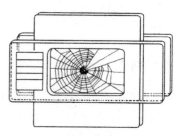

1. 用两片载玻片夹住，周围以
透明胶带固定。

2. 以两张中间打孔的厚纸夹住
蛛网，再用载玻片盖住。

需留意广口瓶中的大量酒精是否蒸发掉就可以。若不幸连广口瓶中的酒精都蒸发掉而导致标本干涸，只能暂时先浸泡于浓度为10%的氢氧化钾中，这样标本大致可以恢复原状。接着再以醋酸中和，水洗后放回酒精中。经过这些步骤，标本的体色将有明显的变化，不过腿部、生殖器的构造却可以比以前看得更清楚。展示用的标本是将蜘蛛以胶（geratine）贴在玻璃板上，然后用福尔马林来制作液浸标本。制作蜘蛛标本时这是唯一能使用福尔马林的情况，除此之外，平时不可使用福尔马林制作液浸标本。

采集记录标签上记载的内容，至少要包括物种学名、采集的年月日、地点、采集环境、采集者的姓名。假如觉得太多了，可以只注明采集号码，再于专用的记录簿上按照号码加以详述。利用卷标记载时，必须使用铅笔或具有不透水性的墨水，否则时间一久，卷标上的记载将会模糊不清。

而制作蛛网和蛛丝标本，则有下列两种方法：

1. 将用于制成标本的蛛网和蛛丝用两片载玻片夹住，载玻片的周围以透明胶带加以固定。这种方法有很好的保存效果，但是具有黏性的蛛丝会因此被压坏而失去原来的形态。

2. 用两张中间有孔的厚纸代替方法1中的载玻片，再按相同的方法制作标本。利用制作幻灯片的外框也可以。用这个方法虽然可以维持蛛丝原有的构造，蛛丝却因直接暴露在外而容易受损。因此先用第二个方法，然后再用载玻片盖住，如此两法并用，虽然比较麻烦，却是最好的办法。

第三章　蜘蛛的饲养

　　想要利用蜘蛛来做一些实验时，必须先准备足够供实验用的健康蜘蛛。依实验需要，随时到野外采集也可以，但是不一定每次都能采到数量足够的蜘蛛；再加上采集的蜘蛛种类、大小、发育期、健康程度各不相同，常影响实验的准确性。因此还不如自行饲养供实验用的蜘蛛，并借由饲养过程，进一步了解蜘蛛的生活习性，这对于改善以后的饲养方法很重要。

　　饲养蜘蛛听起来简单，但真正要饲养一群健康的蜘蛛，却是一门大学问。谈到蜘蛛的饲养，先约略提一下最近流行当宠物饲养的捕鸟蛛。在目前所知的约一千种捕鸟蛛中，至少已有两百种被人们拿来当作宠物，在市面上也可以看到一些捕鸟蛛饲养方面的专著。捕鸟蛛体形不小、颜色鲜艳而且多有十年以上的寿命，当成宠物确实有一些优点；但是我个人不是很赞同把捕鸟蛛当作宠物来饲养。原因之一是它的螯牙相当大，饲养时不小心被它咬到会很疼痛，有时还要送医治疗，算得上是具有潜伏危险性的宠物。第二点，应该也是更重要的理由：自从捕鸟蛛成为受欢迎的宠物之后，在其原产地已有严重的滥捕现象，所以目前捕鸟蛛的原产国在野生动物保护中多有相关的法令，将多种捕鸟蛛列为保护类动物。若盲目地跟随潮流去捕捉、饲养，有可能违反法令，引起不必要的麻烦。

　　其实除了捕鸟蛛之外，在我们周边还有很多种类的蜘蛛可供饲养。在此就以巨蟹蛛和跳蛛作为屋内蜘蛛的代表，以狼蛛为游猎型蜘蛛的代表，以斑络新妇为结网型蜘蛛的代表，逐一介绍它们的饲养方法。

◆巨蟹蛛的饲养

　　虽然如今在公寓式的房子里，已经很少看到巨蟹蛛的踪影，但是在乡下传统的房屋里，仍然不难发现体长约25毫米、步足展开长达70到80毫米的大型巨蟹蛛。由于它的体形较大，因此必须准备直径20厘米、高30厘米的玻璃瓶或塑料罐，当饲养它的容器。里面放一根长约25厘米的木棒当它的着脚处，下面放些木屑或碎石以方便它行走，还要记得在容器的盖子上开几个通风孔。由于蜘蛛需要水分，可以用塑料瓶的瓶盖盛水，放在木屑上让它喝。饲养容器的高度也要注意，若是高度不够，它将因无法正常蜕皮而死亡。由于巨蟹蛛对温度的适应力相当强，只要室温在15℃到30℃即可饲养。不过，绝不可以把饲养容器放在太阳直晒的地方，否则饲养容器将变成温室；即使是冬天，温度也很容易上升到30℃以上，而使容器内的巨蟹蛛中暑而死。

　　巨蟹蛛以捕食蟑螂闻名，因此依照蜘蛛的体形，最好同时饲养大小与巨蟹蛛头胸部相当的蟑螂。不过蜘蛛的取食量意外地少，大约每三四天喂食一只蟑螂即可。当然食饵也可以蟋蟀等其他昆虫代替。

　　如果把雌、雄性巨蟹蛛放在同一个容器中，运气好时还可以看到巨蟹蛛的交配。此时雄蛛会爬到雌蛛背上，以触肢抱住雌蛛交配。但交配后最好还是将雌雄巨蟹蛛分开饲养，以免它们互相残杀。雌蛛交配后，大约十天形成卵囊，之后就以螯肢轻轻地咬着卵囊予以保护。此时略微提高容器里面的温度，将有助于卵囊内卵的发育。虽然在自然环境下，从卵囊中出来的若蛛在经过短暂的群居期之后各自分散，但饲养器里的若蛛会一直维持群居生活，就算在同一个容器中同时饲养多只，也不会妨碍若蛛的发育。刚从卵囊出现的巨蟹蛛若蛛，就有捕食刚孵化的小蟑螂和蟋蟀的能力，可说是十分容易饲养的蜘蛛。

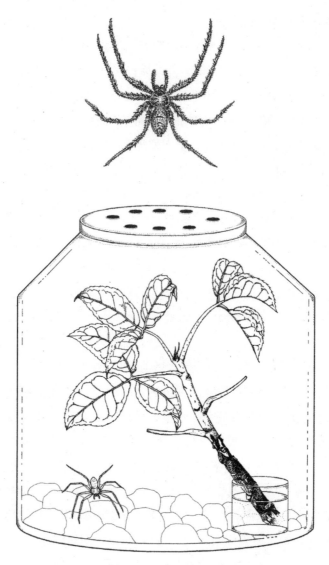

巨蟹蛛的饲养配置（图为白额巨蟹蛛）

◆跳蛛的饲养

跳蛛的体长因种类而有很大的变化，大者长达两厘米，小者体长只有两三毫米。不过跳蛛总体上算是体形较小的游猎型蜘蛛，它不但会爬行，还会跳跃，因此得名。光是观察它的动作，就十分有趣。

如上所述，跳蛛的体形通常不大，可以化学实验中用的试管当它的饲养容器；在管底放些水苔，以海绵塞住管口就可以。由于它的体形较小，就算是刚孵化的蟑螂、蟋蟀等，也不适合用来当作跳蛛若蛛的食物，必须准备一些更小的蝇类，或栖息于土壤中的弹尾虫来饲养才行。

跳蛛的寿命通常只有几个月，因此比较适合拿来当作观察蜘蛛发育、繁殖的对象。一般来说，跳蛛雌、雄性的体色完全不同，如果同时饲养了多只若蛛，等它们发育到成蛛阶段时，除了依据触肢末端膨大部位的形态，还可利用体色来判别雌雄。将已经成熟的雌、雄蛛放置在一起时，它们会进行独特的求偶行为，这是个极佳的观察、记录题材。雌蛛交配后不久开始产卵，经过约一个月的卵期后，卵便开始孵化。

◆狼蛛的饲养

狼蛛的英文名称为"wolf spider"，它们除了有野狼般灵敏的猎食行为外，还有个更大的特性——雌蛛会将刚孵化的若蛛背负在腹部上方加以保护。

狼蛛属于中至小型的蜘蛛，因此使用小型的饲养箱就可饲养。由于不少种类的狼蛛无法爬上玻璃等光滑的平面，因此以塑料材质的容器饲养较佳。只是它们的行动较灵活，打开盖子时，要特别注意别让它们逃跑。狼蛛多半活动于河畔、稻田、草丛等潮湿的地方，是飞虱、

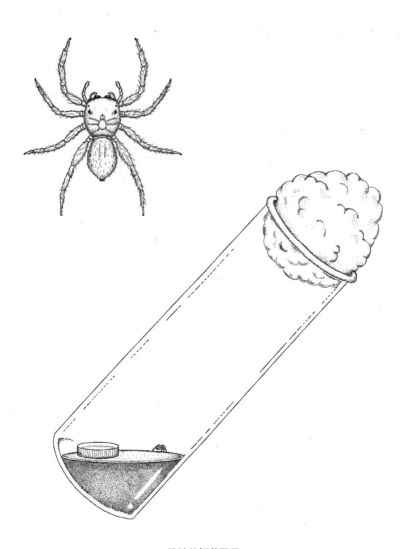

跳蛛的饲养配置

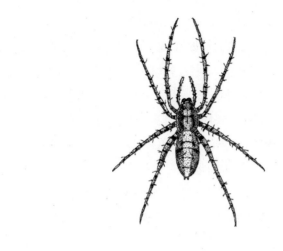

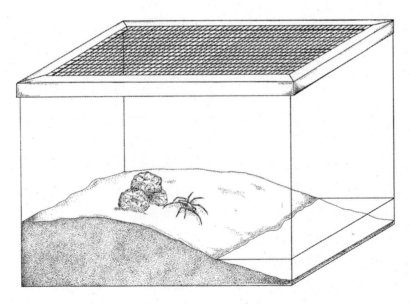

狼蛛的饲养配置（图为沟渠豹蛛）

叶蝉等水稻害虫的主要天敌。如果在饲养箱的底部铺上一层水草，保持略微潮湿的感觉，会更接近它们原来的生活环境。必要时喷一些水，可以省去准备喝水用具的麻烦。饲养的食物和巨蟹蛛一样，大小与其头胸部相应或稍大一点的蟋蟀幼虫，甚至飞虱、叶蝉等也可用上。至成蛛期，平均每四天喂食两只蟋蟀，若蛛期则每两天喂一次即已足够。

经过交配产卵后的雌蛛会将卵囊附着在腹端加以保护。卵孵化后若蛛从卵囊出现之后，会先爬到母蛛的背上，在此暂时过群居生活，然后就各自分散。不过在室内饲养时，最好将若蛛和成蛛分开饲养。小若蛛的食物以刚孵化的蟋蟀若虫或黄果蝇等小型蝇类为佳。狼蛛的发育在蜘蛛中算是很快的，因此较适合作为观察蜘蛛生活史的材料。

◆斑络新妇的饲养

在已知的将近五万种蜘蛛中，大约一半的蜘蛛是结网型的。其中斑络新妇、园蛛等能结大型的圆网，在野外也多生活在较阴暗而潮湿的环境；但是在饲养时，通风稍微不良就很容易死亡，算是不太好饲养的蜘蛛。此外，斑络新妇有时会结成直径超过两米的大型网，因此需要有很大的饲养空间才行。斑络新妇的平均寿命为一年到一年半，算是寿命较长的蜘蛛，因此并不适合初次尝试饲养的人；不过，它的体形大，体色、斑纹变化多，相当具有观赏价值。

在饲养斑络新妇之前，要先准备好栽培植物用的大型温室或网室。由于斑络新妇的攀爬能力较差，最好在墙壁上挂一些丝网以帮助它们攀爬。通风设备也很重要，对体形较小者而言可用较大的塑料盒代替，但是必须安装在一定的高度，否则蜘蛛容易因蜕皮不完全或周围环境过湿等原因而死亡。等它们结完蛛网后，记得每天都要在蛛网上喷一次水，如此不但可以使饲养箱中保持适当的湿度，也可让蜘蛛从蛛网

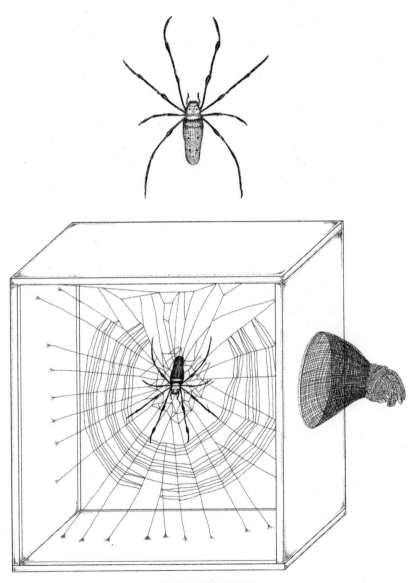

斑络新妇的饲养配置

获得水分。

在饲养斑络新妇的过程中，不妨在野外多注意斑络新妇的圆网，不难发现角落里有一些很小的斑络新妇，那是斑络新妇的雄蛛。将雄蛛捉来后，放在饲养雌蛛的蛛网上，不久就能看到雄蛛的求偶行为。当然，有时雄蛛也会不幸被雌蛛捕食，或在交配后即告死亡，成为雌蛛的食物。如果能够采集到更多雄蛛，不妨在一个雌蛛巢网上释放两只或三只雄蛛，观察雄蛛之间争夺雌蛛的行为，以及雌蛛对每只雄蛛又有何不同反应。这些观察对了解斑络新妇的生活习性是很有帮助的。交配后产下卵的雌蛛把卵囊附着在圆网附近的树枝上，有时也在地面上产卵并以落叶盖住。产卵后的情形依据斑络新妇的种类而有所不同，不过一般常见的大型雌性斑络新妇产卵后不久即告死亡。在保持一定湿度而又不让卵发霉的情况下，经过两三个月，若蛛将自卵囊出现。虽然它们也有各自分散的习性，但是只要在湿度适中、通风良好、饲养空间足够的条件下，便可在室内继续饲养。

第四章　蜘蛛实验

　　不论我们要进行哪一种动物实验，先决条件便是事先准备好数量足够、条件良好的实验活体。关于这一点，请参考前面介绍的"蜘蛛的饲养"。由于蜘蛛是肉食性动物，饲养昆虫作为蜘蛛的食物当然也成为饲养蜘蛛的关键之一。关于昆虫的饲养方法，一些关于昆虫的书籍上都有介绍，在此不必重述。但要注意的是，随着蜘蛛的发育，其体形改变，取食量也会有变化。如何配合这一变化，调整饲料昆虫的饲养量和发育期乃是一大学问。

　　以结网型蜘蛛为例，前面我们提到饲养时必须有足够的空间；在空间不够宽广的情况下，不仅结成的蛛网较小，而且会影响蜘蛛日后的发育和行为，因而得不到正确的实验结果。由此可见，以蜘蛛为材料的实验要比用昆虫做实验困难得多，因此蜘蛛实验的案例要比昆虫少了许多。但是换个角度想，这也表示在蜘蛛实验上，有更大的空间等着我们去开拓。

　　利用蜘蛛可以做的实验项目很多，其中有些实验难度较高，需要特殊的仪器设备，实验者本身也需要专业知识和经验。不过，这些姑且留给专家们去烦恼，在此介绍一些在家里或中小学的实验室里，利用简单的设备就可以完成的几项实验。

◆蜘蛛对于猎物的偏好性

　　蜘蛛似乎对所看到的或是被蛛网粘住的昆虫来者不拒，但详细观察就会发现，蜘蛛也是有选择性的。例如斑络新妇的若蛛虽然也会吃

蚊子、黄果蝇等多种小型昆虫，可是对粘在网上的蚂蚁则缺乏兴趣，往往将它弹出网外。巨蟹蛛、蟹蛛也对蚂蚁、黑尾叶蝉、叶蜂等没什么兴趣，反倒对以分泌恶臭出名的椿象还比较有兴趣。不妨将夜间织网、白天织网，还有终日织网的蜘蛛拿来比较看看，说不定它们结网的时段和猎食的昆虫之活动时间有某种关联。

前面提过蜘蛛能够取食的猎物大小与其自身的身体尺寸有关。那么它们到底能够或者说愿意接受比自己的身体大多少、小多少，或者大多少倍的猎物呢？随着蜘蛛的生长，它们对食物的偏好性是否也会改变呢？假如拿结网型蜘蛛和游猎型蜘蛛比较，又会得到怎样的结果？

不论进行上述哪一项实验，都千万记得要准备饥肠辘辘、食欲旺盛的蜘蛛。因为蜘蛛和人类一样，肚子吃得饱饱的时候，对再好吃的东西也没有兴趣。其实蜘蛛相当地耐饿，譬如胸纹花皮蛛就有长达320天不进食却仍活着的纪录。蜘蛛的耐饿性虽因种类或性别而有很大的差异，但使用至少三至四天没喂食的蜘蛛来做实验，会比较有效。

◆ **步足的功能**

我们已经知道结网型蜘蛛是用腹部的纺器吐丝后，使用四对步足来结网，那么结网时每对步足扮演怎样的角色呢？虽然实验方法比较残忍，但是也只好剪掉左边或右边的一些步足，或同时剪掉左右两只步足，让它结网，然后和正常的蜘蛛所结的网相比较。记得要同时记录织网所需的时间，如此才能得到更详细的实验数据。

只是剪掉步足时必须注意以下两点：

1. 统一剪掉相同的部位。譬如步足末端的第一节或第二节。不过也可以特意将同一对步足的左右两只步足剪掉不同的部位，以进行另

剪去步足对罗网的影响

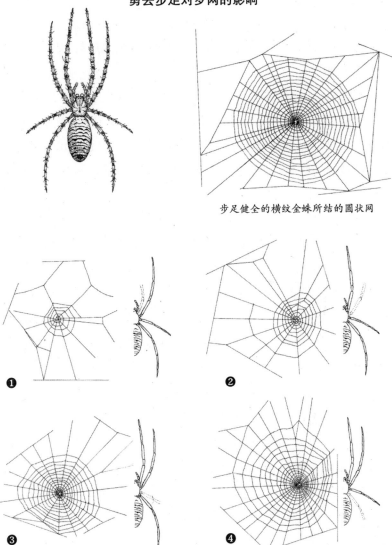

步足健全的横纹金蛛所结的圆状网

❶、❷、❸、❹分别为剪除左右第一、二、三、四
步足之后结成的网。

一项实验。

2. 剪去步足时由于大量体液流出，蜘蛛容易因失血过多而死亡。因此剪去步足之后，要立刻将伤口浸泡于液体石蜡中封住伤口，以避免大量失血。

不管被剪掉的是哪一只步足，就一般情况来说，都不仅会使蛛网变小、形状不正常，还会影响蜘蛛的行动力。即使猎物已被粘在网上，蜘蛛也会因动作不够敏捷而让猎物跑掉。再者，虽然已用石蜡止血，蜘蛛的体力仍明显衰弱许多，因此大多数实验用的雌蛛在产卵前即告死亡。

此外，进行这项实验，最好避免每一个或每两个小时观察、记录一次的分段式调查，因为以此种调查方法，无法了解两次观察之间所发生的一切变化。因此，不仅观察时间的间隔越短越好，甚至还需要辛苦些，一直守在旁边，并时时做记录；必要时以数人为一组轮流观察，这种接力式观察会比分段式观察更容易得到具有参考价值的数据。

为了方便进行此项实验，在此略微提示各对步足在编织蛛网和猎捕行为上的功能。

【第一步足】

1. 在结网前检查游丝的附着点。

2. 吐纬丝时，测定纬丝之间的间隔。

3. 蛛网完成时，进行全盘性的检查。

4. 用来捕获蛛网上猎物，在这方面扮演重要角色。

5. 用丝绑住猎物后，利用第一步足来支持蛛体。

6. 具有和昆虫的触角类似的功能。

【第二步足】

1. 在吐径丝时，用来测定径丝之间的间隔。

药物对蜘蛛罗网的影响

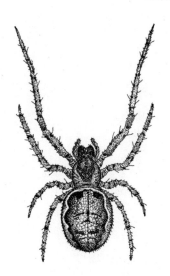

丽楚蛛（*Zygiella x-notata*）

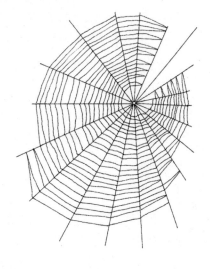

正常的网

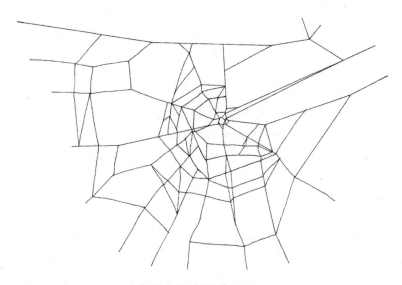

投喂咖啡因后结成的异常的网

2. 吐纬丝时用来支撑蛛体。

3. 以蛛丝绑住网上的猎物后，以此步足翻动猎物。

【第三步足】

1. 结蛛网时用以支撑身体。

2. 吐完径丝之后，以此步足制作简单的螺旋状丝（着脚丝），然后再吐纬丝。此外，第三步足有剪断着脚丝的功能。

3. 配合第二步足翻动蛛网上的猎物，以便捆绑。

【第四步足】

1. 协助第一、二步足，用以测定径丝和纬丝的间隔。

2. 从纺器拉出蛛丝。

3. 将蛛丝粘到其他物体上。

4. 当猎物上钩时，从纺器拉出较宽的纬丝绑住猎物。

◆各种药物对结网行为的影响

用少量的酒精让蜘蛛喝醉，或用乙醚等麻醉药略微麻醉蜘蛛，当然也可以使用一些兴奋剂或是镇静剂，然后看看蜘蛛所结出的蛛网形状和构造有什么样的变化。这只是大致的实验框架，我们还可以用不同的蜘蛛来做实验。因为蜘蛛的种类不同，对药物的敏感度也不同；同样是兴奋剂，有些成分就对某种蜘蛛比较有效，而有些系列的药品就是拿蜘蛛没辙！一般说来，喝醉的蜘蛛结出的蛛网是歪的；兴奋的蜘蛛结出的蛛网上蛛丝的间隔较密；反之，服用镇静剂的蜘蛛则结出间隔较松散的蛛网。

我们在观察蛛网的形状时，除了留意整个形状外，还要注意径丝、纬丝的数目，并记下吐完径丝、纬丝等各种蛛丝的时间，这样实验报告将更为完整。我们也可以将实验二和实验三合并，参考各步足的功

能，再来观察经由药物处理后的蜘
蛛所结的蛛网，看看哪一种药品对
哪一对步足的影响最大，等等。光
是用一种药物处理蜘蛛，以这个实
验为起点，就足够我们开展很多的
后续实验了！

◆步足的再生

大家都知道蜥蜴、壁虎等在受
到攻击时，会自动切断尾巴，并趁
对方注意尚在弹跳的断尾时逃走，
我们称此现象为自割。由于被切断
的部分以后会再生，因此对它们来
说并不是什么严重的损失。自割现
象也发生在许多蜘蛛的身上，例如
若蛛期的蜘蛛在被蜥蜴、鸟类啄到
步足时，会自行切断步足的基节和
转节部分而脱逃。此时被切断部位
的肌肉会立刻收缩，封住伤口，到
下一次蜕皮时再长出新的步足来。
虽然刚长出的步足比较细短，不过
经过再次蜕皮，便会逐渐恢复原来
步足的形状。不光是步足，蜘蛛的
触肢、牙、纺器也可以发现再生
现象。

蜘蛛步足的再生（图为黄金蛛）

缺少第一步足

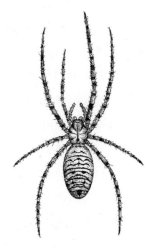

经过蜕皮之后已再生出第一步足

　　大家不妨利用不同种、不同生长阶段的蜘蛛来看看它们身体不同部位自割后的再生现象吧！而饲养方式、营养条件，对它们的再生能力是否也有影响呢？当然此实验也能够配合第二项剪去步足的实验进行，即利用剪去步足的若蛛，观察它的结网情形后，再继续饲养，看看步足被剪断以后的再生情形。

◆蟹蛛的伪装和适应

　　花团锦簇的花丛中，常有蟹蛛的踪影，但是由于它们是伪装的高手，需要一些经验和耐心才能发现它们。蟹蛛为了捕食飞到花朵里吸取花蜜的猎物而躲在花丛间，所以我们可以就花朵和停留在该花朵上的蟹蛛进行调查。此项调查的重点，除了记录植物和蟹蛛的名称之外，更重要的是要记录花朵和蟹蛛的形状、颜色等，看看其中有什么关联。

　　蟹蛛的猎物是前来采蜜的昆虫，但是植物并不是一天二十四小时都在分泌花蜜等着昆虫上门，每一种植物都有特定的花蜜分泌时间。因此，我们可以先翻阅相关书籍或请教植物专家，了解一下所要调查的花朵花蜜分泌时间，然后再来看蟹蛛在花蜜分泌时段和非分泌时段的反应。如果我们在这两种不同的时段各放下一只苍蝇，蟹蛛会有相同的反应吗？蟹蛛是伪装的高手，但假如把它从红色的花移到不适合它伪装色的花朵上时，它的反应又是怎样呢？某些种类的蟹蛛甚至会像变色龙一样，随着外界而改变它的体色呢！此外，蟹蛛和其他蜘蛛一样，有相当强的领域性，除非是在求偶期，通常一朵花上只有一只蟹蛛。如果我们将两只蟹蛛放在同一朵花上，它们之间会产生什么样的互动？甚至选择不同大小的花朵，在每朵花上放置两只蟹蛛，又会有什么样的结果呢？

　　以上共介绍了五种不需要使用什么昂贵的精密仪器，而且几乎人人都可以着手进行的实验。当然这类"经济实惠"的实验绝不止于此，各位读者不妨参考这五项实验，自己动动脑筋，一定可以设计出更有趣、更有意义的实验。其实在蜘蛛实验中，只是观察它的生活史，如结网、徘徊、捕猎、寻偶、交配、产卵时的行为，或是对幼蛛、若蛛的照顾等，也都能写出很好又有创造性的实验报告，毕竟仅仅在原产自中国台湾的三百多种蜘蛛中，生态习性已为人所知的，还不到十种呢！

作者后记

　　《蜘蛛博物学》这本书已到了尾声，看完这本书，各位有什么感想呢？相信一定会有人改变对蜘蛛的看法，甚至想从事一些与蜘蛛有关的研究，这样也算是达到我编写这本书的目的了。那么，研究蜘蛛究竟应该从何处着手呢？其实方法很多，在此我提出如下两个建议。

　　第一建议属于较基础、偏向个人兴趣的方面。虽然蜘蛛属于常见的动物，屋内、庭院或野外随处可见，但至今被发现的种类并不多。正如本书中所述，全世界已知的也只有约五万种，其中确定分布在中国台湾的则只有三百种左右。热带地区的情况也差不多，印度、缅甸约有四百到五百种，而印度尼西亚的苏门答腊则仅有约二百种。这些国家的土地面积是中国台湾的好几倍，由此可知，在热带地区仍有许多种类的蜘蛛尚未被专家们发现。其实，不必特地远征海外，只要认真地采集，要在中国台湾发现新的蜘蛛种类并不是件难事。不过在此之前，必须先在鉴定工作上下一番功夫。总而言之，以蜘蛛分类研究为主题，要扬名于蜘蛛学界，绝不是不可能的事情。或许有人会认为分类工作太过单调，那么不妨着手从事生态习性上的观察。由于蜘蛛没有翅膀，移动性较能飞翔的昆虫更弱，因此只要有恒心，便能在不惊动到它的原则下，进行长期的生态观察。相信对于那些不太愿意在野外奔波采集的人来说，这是个不错的研究题材。

　　相信各位读者在看过《蜘蛛博物学》之后，便会发现我也无法对许多蜘蛛的习性做详细的介绍。原因之一便是有关这方面的调查、研究做得太少。因此，只要有恒心、毅力，以敏锐的眼光就一种特定的蜘蛛去做观察，相信必定可以写出一篇极具学术价值的研究报告，并受到专家们的赞扬。我之所以能如此肯定地断言并做乐观的展望，是因为目前世界上研究蜘蛛的专家并不多，仍有许多留待各位去探讨、发掘的空间。目前有个蜘蛛专家们所组成的国际性组织——国际蜘蛛学会（International Society of Arachnology），该学会每三年举办一次国际会议，以供专家们发表研究成果、交换意见，但是目前的会员人数尚不到七百人。参加该学会会议的业余人士固然为数不少，但是全世界只有七百位蜘蛛专家，确实略显不足。

第二个建议属于较实用的方面。虽然蛛毒对于人体的致命性尚待进一步探讨，但是蜘蛛为了捕捉猎物而使用蛛毒却是毋庸置疑的。自古以来，人们对蛛毒早已有所研究，如壁钱（平蛛）、蝇虎、蟏蛸、斑络新妇（人面蜘蛛）等蛛名曾出现在本草学书籍中，表明人们早就将蛛毒运用在医学上。最近的研究更是将蛛毒中的一些成分加以开发，用以治疗老年痴呆症或其他脑神经系统疾病。

蛛毒的功能不止于此。大家都知道蜘蛛的主要食物是昆虫，而蛛毒是为了杀死或麻痹昆虫，在蛛体中产生出来的。我们可以从分析蛛毒的成分着手，找出专门对昆虫的运动和神经系统有麻痹作用的成分，进而开发出新的杀虫剂。这种杀虫剂不仅无残留性，不会对环境造成污染，并且由于该有毒成分会在消化道内被分解，所以对消费者而言，也没有安全上的顾虑，更不会对食虫性的鸟类等野生动物造成危害。如果这种杀虫剂可以开发成功，害虫防治领域将会开启一个新的局面。

再来谈谈蛛网吧！如果将某些麻药或是生理活性物质注入结网型蜘蛛的体内，它将无法结成正常形状的蛛网。利用此项特性，先将要检验的物品让蜘蛛吸收，然后依据蛛网形状不正常的程度，检验出物品中是否含有麻药等化学物质。这项侦测方法虽然仍处于试验阶段，但是如果扩大运用，用以检测食品、饮料中是否含有微量农药或是其他有毒物质，其利用价值将大幅提升。

另一项值得开发的自然资源是蛛丝。由于蛛丝具有杀菌效果，所以早在史前时代，人们就懂得用蛛丝、蛛网做成包扎伤口用的绷带。而居住于大洋洲岛屿上的居民，曾利用蛛网来制作捕鱼用具。如果我们以弹性特佳的蛛丝代替钢丝来建造吊桥的话，大概只需要十分之一的材料就够了。不过，建好的吊桥可能会因为弹性太好而摇晃得厉害，反而没有人敢过呢！

如果能够大量生产蛛丝，并善加利用，其应用范围是绝对不容小看的。例如制作警察和军人的钢盔，或是制成绝不会被虫蛀食的衣料用来做防弹衣。尤其制作防弹衣时，由于蛛丝具有能够吸收动能的特性，还可将防弹衣的重量减少到现在的数分之一，如此便能使警察、士兵之活动更为灵活。此外还可利用其极佳的弹性，制作成不易断裂的登山用绳索等。如果能再添加耐热性的话，还能制作出捕捉敌方战斗机或是回收人造卫星的捕获网呢！

养蚕业为了改善蚕丝的质量、形状，有时会在饲养过程中以一些生长激素来处理家蚕，成功地培育出大如鸡蛋或小如豆子的蚕茧，而形成蚕茧的蚕丝直径也会随着蚕茧的大小而有所不同。如果能将类似的方法运用在蜘蛛身上，或许可以开发出具有不同特质的蛛丝！

开发应用蜘蛛的方法和技术是条漫长的道路，除了必须对蜘蛛具备深入的了解外，还需要生物学、化学、工程学等其他领域的专家们共同合作。但无疑地，蜘蛛为人们带来的福祉是远超过我们想象的！

最后感谢台湾大学昆虫学系的吴文哲教授为本书撰写序文，虽然我常以"昆虫杂货店"自居，但遇到他简直是小巫见大巫，他才是连蜘蛛也懂的全能型的、最为忙碌的昆虫学者。他欣然答应从百忙中抽空为拙著写序，使我万分感激，这篇对我过于夸赞的序文，于我是很大的鼓励与安慰。另外，对于替拙著画多幅精彩插画的黄世富先生，在此也要表示衷心的谢意，因为有了这些插画，才能弥补我的拙笔。也深深感谢在编写过程中予以协助的"大树"丛书的主编张碧员小姐。

附录　台湾产蜘蛛名录

原书中名录引自陈世煌《台湾地区蜘蛛名录》（1996年台湾博物馆年刊），中文简体版采用大陆地区通行的名称。

地蛛科　Family Atypidae

台湾地蛛···*Atypus formosensis* Kishida

卡氏地蛛··*Atypus karschi* Doenitz

盘腹蛛科　Family Halonoproctidae

温顺沟穴蛛·······························*Bothriocyrtum tractabile* Saito

台湾拉土蛛·······························*Latouchia formosensis* Kishida

大疣蛛科　Family Macrothelidae

霍氏大疣蛛·······························*Macrothele holsti* Pocock

简褶大疣蛛·······························*Macrothele simplicata*（Saito）

长尾蛛科　Family Dipluridae

台湾长尾蛛································*Euagrus formosanus* Saito

捕鸟蛛科　Family Theraphosidae

渡濑焰美蛛································*Phlogiellus watasei* Kishida

管网蛛科　**Family Filistatidae**

缘管网蛛··*Filistata marginata* Komatsu

刺客蛛科　**Family Sicariidae**

红平甲蛛··*Loxosceles rufescens*（Dufour）

花皮蛛科　**Family Scytodidae**

条纹代提蛛··*Dictis striatipes*. L. Koch

胸纹花皮蛛···*Scytodes thoracica*（Latreille）

幽灵蛛科　**Family Pholcidae**

热带巨幽蛛··*Artema atlanta* Walckenaer

隐居幽灵蛛·····························*Pholcus crypticolens* Bösenberg & Strand

家幽灵蛛·································*Pholcus phalangioides*（Fuesslin）

苍白拟幽灵蛛·····························*Smeringopus pallidus*（Blackwall）

六眼幽灵蛛·····························*Spermophora senoculata*（Duges）

类石蛛科　**Family Segestriidae**

侧垣蛛··*Ariadna lateralis*（Karsch）

石蛛科　**Family Dysderidae**

柯氏石蛛··*Dysdera crocota* L.Koch

卵形蛛科　**Family Oonopidae**

甲胄加马蛛·····························*Gamasomorpha cataphracta* Karsch

纳氏弱斑蛛·····················*Ischnothyreus narutomii*（Nakatsudi）
索氏巨螯蛛·····················*Opopaea sauteri* Brignoli

拟态蛛科　Family Mimetidae

拟态蛛属之一种·····················*Mimetus* sp.

拟壁钱科　Family Oecobiidae

船形拟壁钱·····················*Oecobius navus* Blackwall

长纺蛛科　Family Hersiliidae

亚洲长纺蛛·····················*Hersilia asiatica* Song & Zheng
萨氏长纺蛛·····················*Hersilia savignyi* Lucas

妩蛛科　Family Uloboridae

近亲扇妩蛛·····················*Hyptiotes affinis* Bösenberg & Strand
东方长妩蛛·····················*Miagrammopes orientalis* Bösenberg & Strand
椭圆长妩蛛·····················*Miagrammopes oblongus* Yoshida
刺涡蛛·····················*Octonoba spinosa* Yoshida
台湾涡蛛·····················*Octonoba taiwanica* Yoshida
变异涡蛛·····················*Octonoba varians*（Bösenberg & Strand）
黑斑喜妩蛛·····················*Philoponella nigromaculata* Yoshida
隆喜妩蛛·····················*Philoponella prominens*（Bösenberg & Strand）
结突腰妩蛛·····················*Zosis geniculata*（Olivier）

球蛛科　**Family Theridiidae**

横带拟肥腹蛛··············· *Parasteatoda angulithorax*（Bösenberg & Strand）

蹄形钟蛛··············· *Campanicola ferrumequina*（Bösenberg & Strand）

日本拟肥腹蛛··············· *Parasteatoda japonica*（Bösenberg & Strand）

佐贺拟肥腹蛛··············· *Parasteatoda kompirensis*（Bösenberg & Strand）

温室拟肥腹蛛··············· *Parasteatoda tepidariorum*（C.Koch）

台湾粗脚蛛··············· *Anelosimus taiwanicus* Yoshida

白银斑蛛··············· *Argyrodes bonadea*（Karsch）

筒蚓腹蛛··············· *Ariamnes cylindrogaster* Simon

裂额银斑蛛··············· *Argyrodes fissifrons* O.P.Cambridge

拟红银斑蛛··············· *Argyrodes miltosus* Zhu & Song

剑费蛛··············· *Faiditus xiphias*（Thorell）

尖腹美蒂蛛··············· *Meotipa argyrodiformis*（Yaginuma）

携尾丽蛛··············· *Chrysso caudigera* Yoshida

扁腹丽蛛··············· *Chrysso lativentris* Yoshida

黑千国蛛··············· *Chikunia nigra*（O.P.Cambridge）

斑点丽蛛··············· *Chrysso foliata*（Yaginuma）

刺腹美蒂蛛··············· *Meotipa spiniventris*（O.P.Cambridge）

三斑丽蛛··············· *Chrysso trimaculata* Zhu, Zhang & Xu

星斑丽蛛··············· *Chrysso scintillans*（Yaginuma）

多泡美蒂蛛··············· *Meotipa vesiculosa*（Simon）

滑鞘腹蛛··············· *Coleosoma blandum* O.P.Cambridge

八斑鞘腹蛛··············· *Coleosoma octomaculatum*（Bösenberg & Strand）

黄缘藻蛛··············· *Phycosoma flavomarginatum*（Bösenberg & Strand）

日本藻蛛··············· *Dipoena japonica*（Yoshida）

鼬形藻蛛·························· *Dipoena mustelina*（Simon）

小八木蛛·············· *Yaginumena mutilata*（Bösenberg & Strand）

近亲丘腹蛛····················· *Episinus affinis* Bösenberg & Strand

牧原丘腹蛛····················· *Episinus makiharai* Okuma

散斑丘腹蛛····················· *Episinus punctisparsus* Yoshida

吉田丘腹蛛····················· *Episinus yoshidai* Okuma

红斑寇蛛····················· *Latrodectus mactans*（Fabricius）

三棘齿腹蛛····················· *Molione triacantha* Thorell

奇异短蚓蛛················ *Moneta mirabilis*（Bösenberg & Strand）

刺短蚓蛛················· *Moneta spiniger* O. P. Cambridge

吉村短蚓蛛················· *Moneta yoshimurai*（Yoshida）

黑斑困蛛················· *Pholcomma nigromaculatum* Yoshida

阿里山锥蛛················· *Phoroncidia alishanensis* Chen

腰带肥腹蛛················· *Steatoda cingulata*（Thorell）

七斑肥腹蛛··········· *Steatoda erigoniformis*（O. P. Cambridge）

粉点球蛛··············· *Theridion elegantissimum* Roewer

红足岛蛛················· *Nesticodes rufipes* Lucas

亚苍白盘蛛············· *Paidiscura subpallens*（Bösenberg & Strand）

皿蛛科　Family Linyphiidae

壮吻额蛛················· *Aprifrontalia mascula*（Karsch）

台湾美毛蛛················· *Callitrichia formosana* Oi

锯胸微蛛················· *Erigone koshiensis* Oi

隆背微蛛················· *Erigone prominens* Bösenberg & Strand

草间钻头蛛················· *Hylyphantes graminicola*（Sundevall）

白缘盖蛛·····················*Neriene albolimbata*（Karsch）

食虫沟瘤蛛···············*Ummeliata insecticeps*（Bösenberg & Strand）

盖蛛之一种···················*Neriene* sp.

肖蛸科　Family Tetragnathidae

锯螯蛛之一种·····················*Dyschiriognatha* sp.

肩斑银鳞蛛·····················*Leucauge blanda*（L. Koch）

尖尾银鳞蛛·····················*Leucauge decorata*（Blackwall）

亚肩斑银鳞蛛·····················*Leucauge subblanda* Bösenberg & Strand

风雅银鳞蛛·····················*Leucauge venusta*（Walckenaer）

千国后鳞蛛·····················*Metleucauge chikunii* Tanikawa

佐贺后鳞蛛·····················*Metleucauge kompirensis*（Bösenberg & Strand）

镜斑后鳞蛛·····················*Metleucauge yunohamensis*（Bösenberg & Strand）

锡兰肖蛸·····················*Tetragnatha ceylonica* Cambridge

突牙肖蛸·····················*Tetragnatha chauliodus*（Thorell）

江琦肖蛸·····················*Tetragnatha esakii* Okuma

纤细肖蛸·····················*Tetragnatha gracilis* Stoliczka

牧原肖蛸·····················*Tetragnatha hiroshii* Okuma

爪哇肖蛸·····················*Tetragnatha javana*（Thorell）

艳丽肖蛸·····················*Tetragnatha lauta* Yaginuma

长螯肖蛸·····················*Tetragnatha mandibulata* Walckenaer

锥腹肖蛸·····················*Tetragnatha maxillosa* Thorell

莱比肖蛸·····················*Tetragnatha nepaeformis* Doleschall

华丽长脚蛛·····················*Tetragnatha nitens*（Audouin）

前齿肖蛸·····················*Tetragnatha praedonia* L. Koch

鳞纹肖蛸⋯⋯⋯⋯⋯⋯⋯⋯⋯⋯⋯⋯⋯⋯ *Tetragnatha squamata* Karsch

条纹隆背蛛⋯⋯⋯⋯⋯⋯⋯⋯⋯⋯⋯⋯ *Tylorida striata*（Thorell）

横纹隆背蛛⋯⋯⋯⋯⋯⋯⋯⋯⋯⋯⋯ *Tylorida ventralis* Thorell

园蛛科　**Family Araneidae**

褐吊叶蛛⋯⋯⋯⋯⋯⋯⋯⋯⋯⋯⋯⋯⋯⋯ *Acusilas coccineus* Simon

罗氏秃头蛛⋯⋯⋯⋯⋯⋯⋯⋯⋯⋯ *Anepsion roeweri* Chrysanthus

双峰尾园蛛⋯⋯⋯⋯⋯⋯⋯⋯⋯⋯⋯ *Arachnura logio* Yaginuma

黄尾园蛛⋯⋯⋯⋯⋯⋯⋯⋯⋯⋯⋯ *Arachnura melanura* Simon

褐斑园蛛⋯⋯⋯⋯⋯⋯⋯⋯⋯ *Araneus corporosus*（Keyserling）

德氏近园蛛⋯⋯⋯⋯⋯⋯⋯⋯ *Parawixia dehaani*（Doleschall）

针毛园蛛⋯⋯⋯⋯⋯⋯⋯⋯⋯⋯⋯ *Araneus doenitzella* Strand

黄斑园蛛⋯⋯⋯⋯⋯⋯⋯ *Araneus ejusmodi* Bösenberg & Strand

卵形园蛛⋯⋯⋯⋯⋯⋯⋯⋯⋯⋯⋯ *Araneus inustus*（L. Koch）

拖尾毛园蛛⋯⋯⋯⋯⋯⋯⋯⋯ *Eriovixia laglaizei*（Simon）

黑绿园蛛⋯⋯⋯⋯⋯⋯⋯⋯⋯ *Araneus mitificus*（Simon）

五纹园蛛⋯⋯⋯⋯⋯⋯⋯⋯ *Araneus pentagrammicus*（Karsch）

伪尖腹毛园蛛⋯⋯⋯⋯⋯⋯ *Eriovixia pseudocentrodes* Bösenberg & Strand

丰满新园蛛⋯⋯⋯⋯⋯⋯⋯⋯⋯ *Neoscona punctigera*（Doleschall）

瑰斑园蛛⋯⋯⋯⋯⋯⋯⋯⋯⋯ *Araneus roseomaculatus* Ono

警戒新园蛛⋯⋯⋯⋯⋯⋯⋯⋯ *Neoscona vigilans*（Blackwall）

大腹园蛛⋯⋯⋯⋯⋯⋯⋯⋯ *Araneus ventricosus*（L. Koch）

好胜金蛛⋯⋯⋯⋯⋯⋯⋯⋯ *Argiope aemula*（Walckenaer）

类高居金蛛⋯⋯⋯⋯⋯⋯⋯ *Argiope aetheroides* Yin et al.

悦目金蛛⋯⋯⋯⋯⋯⋯⋯⋯⋯ *Argiope amoena* L. Koch

小悦目金蛛···*Argiope minuta*（Karsch）

目金蛛··*Argiope ocula* Fox

苏门平额蛛···*Caerostris sumatrana*（Doleschall）

银斑艾蛛···*Cyclosa argentata* Tanikawa & Ono

银背艾蛛·························*Cyclosa argenteoalba* Bösenberg & Strand

浊斑艾蛛·························*Cyclosa confusa* Bösenberg & Strand

突尾艾蛛···*Cyclosa conica*（Pallas）

台湾艾蛛·························*Cyclosa formosana* Tanikawa & Ono

双锚艾蛛··*Cyclosa bianchoria* Yin et al.

艾蛛·······························*Cyclosa japonica* Bösenberg & Strand

戈氏艾蛛···*Cyclosa koi* Tanikawa & Ono

侧斑艾蛛·························*Cyclosa laticauda* Bösenberg & Strand

山地艾蛛·························*Cyclosa monticola* Bösenberg & Strand

角腹艾蛛·····················*Cyclosa mulmeinensis*（Thorell）

八瘤艾蛛·····················*Cyclosa octotuberculata* Karsch

长脸艾蛛·····················*Cyclosa omonaga* Tanikawa

五斑艾蛛·····················*Cyclosa quinqueguttata*（Thorell）

四突艾蛛·····················*Cyclosa sedeculata* Karsch

筱原艾蛛······················*Cyclosa shinoharai* Tanikawa & Ono

多刺尾园蛛·····················*Arachnura spinosa*（Saito）

圆腹艾蛛······················*Cyclosa vallata*（Keyserling）

蟾蜍曲腹蛛···············*Cyrtarachne bufo*（Bösenberg & Strand）

明曲腹蛛·······················*Cyrtarachne akirai* Tanikawa

花云斑蛛·····················*Cyrtophora exanthematica*（Doleschall）

摩鹿加云斑蛛···············*Cyrtophora moluccensis*（Doleschall）

斑络新妇·····················*Nephila maculata*（Fabricius）

狼蛛科　Family Lycosidae

类漏马蛛·····················*Hippasa agelenoides*（Simon）

猴马蛛·····················*Hippasa holmerae* Thorell

黑腹狼蛛·····················*Lycosa coelestis* L. Koch

台湾狼蛛·····················*Lycosa formosana* Saito

菲氏狼蛛·····················*Lycosa phipsoni* Pocock

星豹蛛·····················*Pardosa astrigera* L. Koch

沟渠豹蛛·····················*Pardosa laura* Karsch

伪环纹豹蛛·····················*Pardosa pseudoannulata*（Bösenberg & Strand）

高粱豹蛛·····················*Pardosa takahashii*（Saito）

克氏小水狼蛛·····················*Piratula clercki*（Bösenberg & Strand）

盗蛛科　Family Pisauridae

黑脊狡蛛·····················*Dolomedes horishanus* Kishida

褐腹狡蛛·····················*Dolomedes mizhoanus* Kishida

掠狡蛛·····················*Dolomedes raptor* Bösenberg & Strand

赤条狡蛛·····················*Dolomedes saganus* Bösenberg & Strand

长肢潮盗蛛·····················*Hygroposa higenaga*（Kishida）

菲氏尼蛛·····················*Nilus phipsoni*（F. O. P.-Cambridge）

漏斗蛛科　Family Agelenidae

森林漏斗蛛·····················*Agelena limbata* Thorell

华丽异漏蛛·····················*Allagelena opulenta*（L. Koch）

家隅蛛·······································*Tegenaria domestica*（Clerck）

栅蛛科　Family Hahniidae

栓栅蛛·······································*Hahnia corticicola* Bösenberg & Strand

卷叶蛛科　Family Dictynidae

猫卷叶蛛·······································*Dictyna felis* Bösenberg & Strand

小隐蔽蛛·······································*Lathys humilis* Blackwall

斑隐蔽蛛·······································*Lathys stigmatisata*（Menge）

隐石蛛科　Family Titanoecidae

白斑隐蛛·······································*Nurscia albofasciata*（Strand）

薄片庞蛛·······································*Pandava laminata*（Thorell）

楼网蛛科　Family Psechridae

中华楼网蛛·······································*Psechrus sinensis* Berland

猫蛛科　Family Oxyopidae

细纹猫蛛·······································*Oxyopes macilentus* L. Koch

斜纹猫蛛·······································*Oxyopes sertatus* L. Koch

台湾松猫蛛·······································*Peucetis formosensis* Kishida

光盔蛛科　Family Liocranidae

米图蛛科·······································*Prochora praticola*（Bösenberg & Strand）

刺足蛛科　**Family Phrurolithidae**

亮刺足蛛·······························*Phrurolithus claripes*（Dönitz & Strand）

台湾奥塔蛛························*Otacilia taiwanica*（Hayashi & Yoshida）

红螯蛛科　**Family Cheiracanthiidae**

拉斯红螯蛛··························*Cheiracanthium lascivum* Karsch

雪山管巢蛛····································*Clubiona asrevida* Ono

台湾管巢蛛······························*Clubiona bonicula* Ono

斑管巢蛛·····························*Clubiona deletrix* O. P. Cambridge

岛管巢蛛·······························*Clubiona insulana* Ono

日本管巢蛛··························*Clubiona japonica* L. Koch

粽管巢蛛·····················*Clubiona japonicola* Bösenberg & Strand

赫定管巢蛛·····················*Clubiona hedini*（Schenkel）

萱氏管巢蛛·······················*Clubiona kayashimai* Ono

关山管巢蛛·······················*Clubiona kuanshanensis* Ono

黑泽管巢蛛····························*Clubiona kurosawai* Ono

谷川管巢蛛·························*Clubiona tanikawai* Ono

八木管巢蛛···························*Clubiona yaginumai* Hayashi

阳明管巢蛛·············*Clubiona yangmingensis* Hayashi & Yoshida

圆颚蛛科　**Family Corinnidae**

台湾突头蛛·····························*Trachelas taiwanicus* Hayashi et Yoshida

拟平腹蛛科　**Family Zodariidae**

日本阿斯蛛·······························*Asceua japonica*（Bösenberg & Strand）

阿斯蛛之一种·······································*Asceua* sp.

平腹蛛科　Family Gnaphosidae

亚洲狂蛛·······································*Zelotes asiaticus*（Bösenberg & Strand）

栉足蛛科　Family Ctenidae

田野阿纳蛛·······································*Anahita fauna* Karsch

拟扁蛛科　Family Selenopidae

袋拟扁蛛·······································*Selenops bursarius* Karsch
台湾巴赛蛛·······································*Siamspinops formosensis*（Kayashima）

巨蟹蛛科　Family Sparassidae

钳状华遁蛛·······································*Sinopoda forcipata*（Karsch）
白额巨蟹蛛·······································*Heteropoda venatoria*（Linnaeus）
台湾颚突蛛·······································*Gnathopalystes taiwanensis* Zhu & Tso
离塞蛛·······································*Thelcticopis severa*（L. Koch）

逍遥蛛科　Family Philodromidae

刺跗逍遥蛛·······································*Philodromus spinitarsis* Simon

蟹蛛科　Family Thomisidae

台湾花蛛·······································*Misumenoides formosipes*（Walckenaer）
日本花蛛·······································*Misumenops japonicus*（Bösenberg & Strand）
三突伊氏蛛·······································*Ebrechtella tricuspidata*（Fabricius）

条纹绿蟹蛛·····················*Oxytate striatipes* L. Koch

近缘锯足蛛····················· *Runcinia affinis* Simon

花叶蛛之一种····················· *Synema* sp.

树形高蟹蛛··············*Takachihoa truciformis*（Bösenberg & Strand）

角红蟹蛛···················*Thomisus labefactus* Karsch

冲绳蟹蛛··················*Thomisus okinawensis* Strand

台湾峭腹蛛··················· *Tmarus taiwanus* Ono

朱氏花蟹蛛·····················*Xysticus chui* Ono

跳蛛科　**Family Salticidae**

黑猫跳蛛·················*Carrhotus xanthogramma*（Latreille）

粗脚盘蛛················· *Evarcha crassipes*（Karsch）

花哈沙蛛·················*Hasarius adansoni*（Audouin）

长腹蒙蛛·················*Marpissa elongata*（Karsch）

横纹蝇狮·················*Mendoza pulla*（Karsch）

黑扁蝇虎············*Myrmarachne innermichelis* Bösenberg & Strand

台湾蚁蛛··················*Myrmarachne formosana*（Saito）

台蚁蛛···················*Myrmarachne formosicola* Strand

无刺蚁蛛···············*Myrmarachne inermichelis* Bösenberg & Strand

日本蚁蛛··················*Myrmarachne japonica*（Karsch）

大蚁蛛······················*Toxeus* Saito

异形金蝉蛛···········*Phintella abnormis*（Bösenberg & Strand）

条纹金蝉蛛·················*Phintella linea*（Karsch）

多色类金蝉蛛············*Phintelloides versicolor*（C. Koch）

黑色蝇虎·················*Plexippus paykulli*（Audouin）

暗宽胸蝇虎·······························*Rhene atrata*（Karsch）
笔状跃蛛·······························*Attulus penicillatus*（Simon）

图书在版编目（CIP）数据

蜘蛛博物学/朱耀沂著；黄世富绘.—北京：
商务印书馆，2020
（自然观察丛书）
ISBN 978-7-100-17926-3

Ⅰ.①蜘… Ⅱ.①朱… ②黄… Ⅲ.①蜘蛛目—普及
读物 Ⅳ.①Q959.226-49

中国版本图书馆CIP数据核字（2019）第251261号

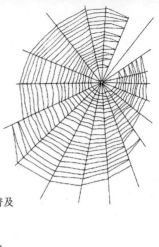

蜘蛛博物学

朱耀沂 著

黄世富 绘

商 务 印 书 馆 出 版
（北京王府井大街36号 邮政编码100710）
商 务 印 书 馆 发 行
北京新华印刷有限公司印刷
ISBN 978-7-100-17926-3

2020年1月第1版 开本880×1230 1/32
2020年1月北京第1次印刷 印张8¾

定价：36.00元